Matthias Röcke / Till Röcke

VW

GESCHICHTE – MODELLE – TECHNIK

Impressum

HEEL Verlag GmbH
Gut Pottscheidt
53639 Königswinter
Telefon 0 22 23 / 92 30-0
Telefax 0 22 23 / 92 30 26
Mail: info@heel-verlag.de
Internet: www.heel-verlag.de

© 2018: HEEL Verlag GmbH, Königswinter

Verantwortlich für den Inhalt:
Matthias Röcke, Till Röcke

Lektorat:
Jost Neßhöver

Fotonachweis:
Porsche AG, Dieter Rebmann, Matthias Röcke, Volkswagen AG, Jost Neßhöver

Satz und Gestaltung:
F5 Mediengestaltung Ralf Kolmsee, Bonn

Alle Angaben ohne Gewähr, Irrtümer vorbehalten

Printed in Romania

ISBN: 978-3-95843-766-1

Matthias Röcke / Till Röcke

GESCHICHTE – MODELLE – TECHNIK

HEEL

Inhalt

Inhalt

Links: Den Klassiker Golf gibt es neuerdings auch in einer elektrisch betriebenen Variante.
Das Bild auf der folgenden Doppelseite zeigt das VW-Werk in Kassel.

Kapitel I.
Die VW-Geschichte

Die VW-Geschichte

In den Konturen ist der Volkswagen schon erkennbar: Rechts im Bild des Prototypen von 1937 ist Ferdinand Porsche zu sehen.

DER VOLKSWAGEN: EINE INSPIRATION AUS ÜBERSEE

Am Anfang läuft das Fließband. Die Massenproduktion eröffnet der Automobilbranche völlig neue Absatzmöglichkeiten. Aus den USA, dem Nabel der konsumorientierten Welt, dringen zu Beginn des 20. Jahrhunderts ganz neue Töne über den Atlantik. Es laufen die Fließbänder Tag und Nacht. Sie steigern die Effizienz ins scheinbar Unermessliche und die Stückzahlen in schwindelerregende Höhen.

Die Auto-Legende der damaligen Zeit, das „Tin Lizzy" genannte T-Modell von Ford, wird in seiner 1908 beginnenden Bauphase sensationelle 15.007.033 Mal vom Band laufen. Aus Detroit findet es seinen Weg in die ganze Welt, und dort rollt es als ein Botschafter der unbestechlichen Art: Das fähige T-Modell ist der Beweis dafür, dass sich ein Auto schnell, kostengünstig und dennoch auf hohem Niveau herstellen lässt. Eine Erkenntnis, die nicht nur in Europa Begehrlichkeiten weckt – aber eben dort besonders starke, schließlich verfügen die europäischen Großmächte Deutschland und England über eine prosperierende Industrie. Besonders im Fahrzeugbau, gilt dieser doch als eine der Innovations-Branchen schlechthin.

In diesem Metier eine Verfahrensweise zu etablieren, die massenhafte Automobil-Produktion zulässt und dabei eine riesige Bandbreite potenzieller Käufer bedient, das elektrisiert Unternehmen wie Fahrer gleichermaßen. Autos zählen damals zu den Spielzeugen der Reichen oder kommen ausschließlich zu gewerblichen Zwecken zum Einsatz, ein echter „Volkswagen" für den privaten Gebrauch oder gar zum Vergnügen scheint im ersten Jahrzehnt des 20. Jahrhunderts utopisch.

Das ändert sich mit dem US-amerikanischen Vorbild radikal. Die Idee des Autos für alle hält Einzug in die Berichterstattung. Boulevard, Politik und Industrie kennen nur noch ein Ziel: einen kompakten Volkswagen, preiswert in der Anschaffung, verbrauchsarm im Unterhalt und trotz niedriger Motorleistung ein Meilenstein im mobilen Alltag. Die führenden Firmen legen los und entwickeln in den späten 20er und frühen 30er Jahren eine Reihe von fähigen Kleinwagen. Das weltweite Wettrennen nach dem idealen Volkswagen ist eröffnet. Auch in Deutschland setzt sich die Idee umgehend durch. Gründlich geplant und unter Aufbietung aller Kräfte findet ein Projekt besonders große Aufmerksamkeit.

Ferdinand Porsche konstruiert den Prototypen: Erste VW-Versuche

Als 1934 der „Reichsverband der deutschen Automobilindustrie" Ferdinand Porsche beauftragt, ein Volkswagen-Konzept auszuarbeiten, ist dieser sogleich angetan. Das Konzept verfolgt der erfahrene und unabhängig arbeitende Konstrukteur schon einige Zeit und hat zusammen mit Zündapp und NSU erste Prototypen entwickelt. Die Finanzierung des Projektes steht indes auf wackeligen Füßen.

Zwar sind sich die im Reichsverband vereinigten Firmen einig über die Notwendigkeit des Projekts, doch bereitet ihnen die staatlich verordnete Preisgestaltung Magenschmerzen. Gerade einmal 990 Reichsmark darf der Volkswagen kosten, ein unrealistisches

Schon weit gediehen: Der Volkswagen-Prototyp 1938 parkt auf dem Innenhof des Versuchsgeländes von Ferdinand Porsche.

Angebot in Zeiten angespannter Rohstofflage und Devisenknappheit. Die Idee der auf diese Weise umgesetzten Volksmotorisierung gehört aber zu den Versprechungen der seit 1933 die alleinige Macht ausübenden Nationalsozialistischen Partei (NSDAP) und ist somit unumstößlich.

Zu verschenken haben die Autobauer nichts, zumal es an zeitgemäßen Fertigungsanlagen mangelt. Eine deutsche Motor-City mit endlosen Montagestraßen gibt es nicht. Noch nicht. Dafür ein großes Kompetenzgerangel. Die Frage nach der Finanzierbarkeit prägt die folgenden Jahre. Die Kostenschätzungen beziffern den Verkaufspreis des ersten Volkswagens auf rund 1500 Reichsmark. Eine stolze Summe für ein Massen-Automobil. Der Markt ist noch klein, umfasst vielleicht 80.000 potenzielle Käufer.

Auto-Union und Co. fürchten unliebsame Konkurrenz, sollte der deutlich preiswertere Volkswagen plötzlich an die Preisgestaltung ihrer eigenen Flotte heranreichen. Ausdauer ist gefragt. Die visionäre Kraft des Ferdinand Porsche trifft Mitte der 30er Jahre auf die notwendige Geduld der Geldgeber. Mit einem Versuchsauto ist es nicht getan, munter entstehen weitere Modelle, und mit ihnen schießen die Verlautbarungen ins Kraut.

Bis die „Deutsche Arbeitsfront", das Arbeiter-Gleichschaltungsorgan der NSDAP, auf den Plan tritt. Im Frühjahr 1937 gründet sie die „Gesellschaft zur Vorbereitung des Deutschen Volkswagens mbH". Das Programm lässt keinen Zweifel an seiner Absicht. Zwei Jahre später findet eine Umbenennung in „Volkswagenwerk GmbH" statt. Das klingt bereits deutlich gesetzter und hat seinen handfesten Grund im Fortschreiten eines Mega-Vorhabens: In Fallersleben – das erst Jahrzehnte später zur damals noch gar nicht existierenden Stadt Wolfsburg kommen sollte – laufen bereits seit 1938 die Bauarbeiten zur Errichtung eines neuen Werk-Komplexes.

Gleichzeitig entsteht in Braunschweig ein Nebenwerk. Als die Arbeit in Fallersleben ins Stocken gerät, konzentriert sich die Produktion vorübergehend in der Löwenstadt. Dort werden wichtige Grundlagen für die Ausbildung des Personals gelegt, die später den Herstellungsprozess im Hauptwerk beschleunigen. Ferdinand Porsche verantwortet die Konstruktion des nun offiziell „Kdf-Wagen" genannten Autos für alle. (Die Abkürzung stammt von der für Urlaub und Freizeitgestaltung im Nationalsozialismus zuständigen Organisation „Kraft durch Freude").

Vorerst nur für den Werbefeldzug: Die Vorserienkäfer von 1938 werden reichsweit präsentiert.

hat bestehen bleiben müssen, was den unmittelbar Verantwortlichen nach wie vor als völlig unrealistisch erscheint. Damit nicht genug der Ungereimtheiten: Auch das Verkaufsmodell hinter der Produktion fällt äußerst spekulativ aus – und nimmt kein gutes Ende.

Interessenten kaufen wöchentlich eine sogenannte Sparmarke im Wert von fünf Reichsmark. Sobald so 750 Reichsmark zusammengekommen sind, soll dem Sparer dann eine verbindliche Bestellung bestätigt werden. Nach Ablauf einer gewissen Wartezeit wiederum soll der nagelneue Kdf-Wagen schließlich ausgeliefert werden – wozu es bekanntlich nicht kommt. Nur wenige Prototypen gelangen zu Vorführzwecken an die Öffentlichkeit. Dann ändert sich das wirtschaftliche Klima. Die Herstellung von Automobilen zum Vergnügen spielt plötzlich keine Rolle mehr. Das Volkswagenwerk baut seine Fertigungsstraßen um, und diese Maßnahme hat handfeste Gründe.

Das Hin und Her in der Finanzplanung hat seine Spuren hinterlassen. Die staatlich verordnete Kaufsumme von 990 Reichsmark

Vergebliche Hoffnung: Mit Rabattmarken sollen die „Volksgenossen" zum „Volkswagen" kommen.

Detroit in Niedersachsen – Die Bänder laufen, stehen still und laufen wieder

Kaum laufen im Volkswagenwerk die Bänder im Rahmen einer kleinen Vorserie, beginnt der Zweite Weltkrieg. Die lange gehegten Volkswagenpläne weichen der Rüstungsproduktion. Zuerst beliefert das Werk die Luftwaffe, anschließend setzt in den Montagehallen eine rege Fahrzeugproduktion ein. Diese ist kriegsbedingt militärisch ausgerichtet, hat aber weitreichende Folgen für das zivile Portfolio.

Erster Volkswagen in Großserie: Der Typ 82 wird bekannt als der Kübelwagen.

Vielseitig: Der Schwimmwagen Typ 166 schafft im Wasser 10 km/h Höchstgeschwindigkeit.

Der Kübelwagen entsteht ab 1940 und revolutioniert die Massenkonstruktion eines Allzweck-Autos für Gelände und Straße. Neben einem speziellen Schwimm-Pkw verkörpert der kantige Tausendsassa in den kommenden Kriegsjahren den Typus des Volkswagens. Sein Name leitet sich von den Schalensitzen her, die sicheren Sitz in unwegsamem Gelände gewährleisten sollten.

Überhaupt ist die Gesamtkonstruktion des VW Typ 82, so der korrekte Serienname, auf rustikale Handhabung ausgerichtet. Vor allem der luftgekühlte Motor und das Minimalgewicht von bloß 715 Kilogramm bei einer gleichzeitigen Höchstgeschwindigkeit von 80 km/h machen den fähigen Kleinwagen bei den Fahrern populär. Schon dieses Modell eines Volkswagens beweist echte Nehmerqualitäten, die in den Folgejahren zum Markenzeichen der kompakten Allrounder aus Niedersachsen werden sollen.

Bis Kriegsende dauert die Produktion an, im April 1945 schließen sich die Auftragsbücher mit der Gesamtzahl von 50.788 gebauten Exemplaren. Insgesamt stellt das Volkswagenwerk in den Kriegsjahren 66.285 Fahrzeuge her. Mit dem Einmarsch der Alliierten findet die Produktion von Militärfahrzeugen schließlich ein Ende.

Doch lange stehen die Bänder im Volkswagenwerk nicht still. Kaum sind die Trümmerberge beseitigt, fährt die Produktion wieder an. Geschäftigkeit hält Einzug, Idee und Produktion des Volkswagens haben inzwischen auch international die Runde gemacht und die verantwortlichen Stellen aufhorchen lassen. Strukturen wollen geschaffen, die Menschen in der Umgebung versorgt sein. Und das möglichst schnell.

Da spielt ein riesiger Komplex wie das Volkswagenwerk eine bedeutende Rolle. Auf der grünen Wiese, in einer von Weidewirtschaft geprägten Gegend, wirkt die Detroit-Imitation so deplatziert wie beeindruckend – aus dem Boden gestampft, um die Vorstellung eines Autos mit Universalanspruch für den fleißigen Sparer umzusetzen.

Nun ist zwar gleich nach dem Krieg die Massenmotorisierung nicht das Allerwichtigste, aber es würden ja auch wieder andere Zeiten kommen. Die britische Besatzungsmacht überlegt nicht lange, wie mit dem Werk verfahren werden soll, sondern ordnet die sofortige Wiederaufnahme der Produktion an. Die Treuhänder der Anlagen planen natürlich nicht ohne Eigennutz. Der eigene Bestand an belast- oder gar vorzeigbaren Fahrzeugen hat im Krieg gelitten, jetzt soll die Flotte aufgefüllt und – wenn möglich – sogar aufgewertet werden.

Aufbruch mit neuem Namen

Zurückfinden, anknüpfen, weitermachen – am Mittellandkanal herrscht Aufbruchsstimmung. Einiges hat sich grundlegend geändert, wenn auch fast beiläufig. Der alte Name „Stadt des KdF-Wagens bei Fallersleben" ist schon wenige Wochen nach Kriegsende in Wolfsburg geändert worden. Das namensgebende Schloss unweit des Werkes hat den Krieg überstanden. Es stammt aus dem Mittelalter und bildet mit seinem alten Wassergraben und den Renaissance-Anbauten einen kuriosen Kontrast zum Fabrik-Charme des Industrie-Komplexes.

Neue Zeiten: Das Werk wird unter britischer Verwaltung weitergeführt.

Das Werk wird dringend gebraucht, die berüchtigte Demontage, wie sie praktisch gleich nebenan in der Sowjetischen Besatzungszone stattfindet, bleibt der Region erspart. Im Gegenteil: Die britische Besatzungsmacht räumt der Wiederaufnahme der Produktion größte Priorität ein.

Rohstoffe sind ein rares Gut im Nachkriegseuropa, doch dank der Vorzugsbehandlung fließen schon bald die Warenströme nach Niedersachsen. Alles ist streng limitiert, ein kompliziertes Quoten-

system regelt die Versorgung der Betriebe mit dem benötigten Material. Knappheit ist der Normalfall, allerdings nicht in Wolfsburg. Ununterbrochen erreicht der kostbare Stahl die Werkstore.

Dort geht es gleich in die wie geschmiert laufende Weiterverarbeitung. Trotz massiver Bombardements und gewaltiger Schäden an den Werkshallen konnte der Maschinenpark nahezu komplett ausgelagert werden. Wertvolle und sündhaft teure Fertigungsapparate befinden sich im Handumdrehen wieder im Einsatz. Vor allem das Presswerk präsentiert sich in bestem Zustand, zusammen mit den ebenfalls gut erhaltenen Anlagen im Braunschweiger Vorwerk erreicht die Produktivität ein für die Nachkriegsjahre beachtliches Ausmaß.

Wolfsburg lebt und fährt die Produktion an

Ein Pluspunkt des Standorts liegt in der – trotz Herstellung von Kriegsmaterial – stets weitergeführten zivilen Produktionsweise, denn das KdF-Werk ist schließlich für den Bau eines massentauglichen Straßenwagens eingerichtet worden. Sogar von den permanenten Stromausfällen ist das Werk während der Bombenangriffe verschont geblieben, da ein eigenes Kohlekraftwerk Elektrizität liefert.

Nach dem Krieg ist der Kübelwagen das Pfand in der Hand der Wolfsburger, und es lässt sich nun auf die zivilen Vorserienwagen von 1939 zurückgreifen. Trotz der relativ üppigen Versorgungslage bereiten Ausfälle der auch damals schon unverzichtbaren Zulieferer immer wieder Produktionsengpässe. Die ehrgeizigen Pläne der britischen Verwalter, ab Januar 1946 stolze 4000 Pkw monatlich fertigzustellen, geraten in Gefahr.

Dann wird die Zahl drastisch nach unten korrigiert, auf gerade einmal 1000 Exemplare. Dem ist ein heftiger Streit zwischen Belegschaft und britischer Werksleitung vorangegangen: Außer Rohstoffen für die Produktion benötigt das Werk Verpflegung für die Belegschaft. Die ist stets hungrig, denn kein Arbeiter ist ausreichend ernährt, um den schweren körperlichen Einsatz zu meistern.

Außerhalb der Werkshallen sieht es nicht besser aus, es herrscht Mangel an fast allem. In Zeiten der Hamsterfahrten und des blühenden Tauschhandels fehlt vielen Arbeitskräften schlicht die Zeit – die Versorgung der eigenen Familie mit Lebensmitteln erfordert oftmals stundenlange Fahrten ins Umland. Immer wieder tritt die Belegschaft unvollzählig an.

Um vom ambitionierten Plan der 4000 Autos pro Monat wenigstens etwas mehr als die Hälfte zu retten, soll unter Aufbietung aller Kräfte und Ressourcen die Stückzahl auf 2500 festgesetzt werden. Nachdem auch diese Quote beim besten Willen unerreichbar bleibt, lenken die Briten zähneknirschend ein. Die Produktionsanlagen erlauben deutlich größeren Ausstoß, aber ein Jahr nach Kriegsende liegt das Limit bei monatlich 1000 Pkw.

Parallel installieren die Briten einen Betriebsrat, der sich fortan um die Versorgung der Arbeiter kümmert. Die Maßnahme zeigt Wirkung: Die Situation stabilisiert sich, auch weil behelfsmäßiger, aber hygienischer Wohnraum entsteht – aber, viel zu langsam und nicht ausreichend für die vielen Zuwanderer die auf ihrem Weg nach Westen in den Wolfsburger Raum kommen.

Die verhältnismäßig attraktiven Rahmenbedingungen im Autowerk locken zahlreiche Arbeitsuchende, doch längst nicht alle bleiben auf Dauer. Der Arbeitskräftemangel wird existenzbedrohend. Wohnraum kann nicht schnell genug geschaffen werden, immer noch müssen Familien mit provisorischen Wellblechverschlägen Vorlieb nehmen. Die Zahl der Beschäftigten stagniert, wer neu hinzukommt, nimmt nicht selten den Platz eines Weiterziehenden ein. Um den anvisierten Wachstumskurs einzuschlagen, benötigt das Werk neue Mitarbeiter. Die Briten beschließen weitreichende Maßnahmen.

Vorarbeiten für das Wirtschaftswunder

Langsam aber sicher erhält die Produktion geordnete Rahmenbedingungen. Ende 1945 initiieren die britischen Treuhänder einen Kundendienst und knüpfen ein Vertriebsnetz. Ingenieure werden geschult, künftige Händler auf das Kundengeschäft vorbereitet. Im Februar 1946 eröffnet eine eigens gegründete Lehranstalt, die das Personal der geplanten Vertragswerkstätten ausbildet.

Graswurzelarbeit ist angesagt: Diverse Schadensmeldungen werden erstmals akribisch ausgewertet und bilanziert. Auf Grundlage dieser Erkenntnisse erscheinen die ersten Handbücher. Instandhaltung und Schadensreparatur kommen in geordnete Bahnen und werden an einem Standard ausgerichtet. In dieser Zeit bildet sich das bis heute weitreichende Netzwerk von Volkswagen und seinen Vertragspartnern.

Doch noch etwas Richtungweisendes passiert 1946: Kaum ein Jahr nach Kriegsende genehmigen die Briten nach einer Restfertigung von Kübelwagen und Sonderausführungen die Produktion ziviler Fahrzeuge. Noch ist der spätere Bedarf nicht zu ahnen, schließlich haben die meisten Menschen noch schlicht existentielle Nöte. Doch der private Pkw ist etabliert, die Motorisierung dringt immer weiter vor.

Weltweit hat die Auto-Massenproduktion in den USA Spuren hinterlassen. Nach den Entbehrungen der Kriegszeit und einer Stabilisierung der ökonomischen Verhältnisse birgt der europäische Markt verheißungsvolle Möglichkeiten. Das sehen auch die Briten so, schließlich könnte die heimische Wirtschaft von den erzielten Überschüssen profitieren.

Es gibt viel zu tun in Wolfsburg. Von Herstellung bis Vertrieb müssen viele Verfahren erst geschaffen oder noch feingeschliffen werden. Nur wenn der Austausch zwischen Konstrukteur und Verkäufer funktioniert, wird sich stetiger wirtschaftliche Erfolg etablieren können. In der gesamten Besatzungszone wird ein Kommunikationsnetz zwischen Händlern und verantwortlichen Ingenieuren geschaffen. Im kleinen Rahmen festigen sich auf diese Weise die Strukturen. Im März 1946 entsteht der 1000. Volkswagen, und – für manchen überraschend, aber mit guten Vorsätzen und einer stabilen Basis – wird das Volkswagenwerk in den Welthandel eintreten.

Erstes Etappenziel: Unter schwierigen Bedingungen läuft der 1000. Volkswagen vom Band.

Volkswagen wird nach wie vor von der britischen Besatzungsmacht verwaltet, die Strategie der Vermarktung dient primär britischen Interessen. Mit Gewinnen aus dem Export hoffen die Briten auf reichlich Devisen für den eigenen angeschlagenen Haushalt. Zum Schaden der späteren bundesdeutschen Vorzeigemarke

Volkswagen soll es nicht sein – in den 40er Jahren werden die nötigen Vorkehrungen für den kommenden Aufstieg getroffen.

Voraussetzung ist eine besondere Akkuratesse in der Produktion. Weg vom Image der frontbewährten Alleskönner, hin zum zivilen Qualitätsprodukt, lautet die Devise. Die Alliierten machen den Weg frei, indem sie die kurz nach Kriegsende verhängte Restriktion rückgängig machen – im Oktober 1946 entfällt die ursprüngliche Limitierung der Jahresproduktion auf 40.000 Fahrzeuge.

VW weltweit: Kaltstart mit Ambitionen

Erst einmal kommt jedoch ein Rückschlag: Der harte Winter 1946/47 legt die Produktion still. Sind Blech- und Kohlelieferungen mehr oder weniger pünktlich zum Werk gelangt, versetzt die Eiseskälte der Infrastruktur einen schweren Schlag – nichts geht mehr in Wolfsburg und Umgebung. Nicht nur dort, ganz Deutschland bibbert und friert wochenlang vor sich hin. Erst im März setzt das Tauwetter ein, alles erwacht zu neuem Leben, und im Werk fährt die Produktion wieder an.

Kaum steht im Sommer 1947 der Plan, den Export aufzuziehen, schafft eine weitere Maßnahme Tatsachen. Eine Betriebsordnung entsteht, ausgehandelt zwischen Werksleitung und Betriebsrat. Letzterer erhält großzügige Befugnisse in vielen Bereichen bis hin zur Verteilung des auf dem riesigen Werksgelände angebauten Gemüses.

Der Aufbau professioneller Strukturen wirkt auch nach außen und setzt unübersehbare Zeichen. Die Verwalter des Volkswagenkonzerns haben Großes vor – endlich ist die Zeit für den Auftritt auf dem internationalen Parkett gekommen. Am 8. August unterzeichnet das Volkswagenwerk seinen ersten Import-Vertrag. Vertragspartner ist Ben Pon, ein Fahrzeughändler aus den Niederlanden. Im Herbst gehen fünf nagelneue Volkswagen über die Grenze nach Amersfoort.

Das ist der Startschuss, und nun gibt es kein Halten mehr. Schon im folgenden Jahr verlassen 4500 VW die Werkshallen Richtung Ausland. Das Netz spannt sich weiter. Nach den Niederländern unterzeichnen Händler in der Schweiz, in Belgien, Schweden, Dänemark, Norwegen und Luxemburg Verträge mit dem Volkswagenwerk. Am 20. Juni 1948 tritt die Währungsreform in Kraft, was auch den wirtschaftlichen Rahmenbedingungen eine enorme Sicherheit verleiht.

Eine erste Boom-Ära beginnt. „Made in Germany" zeigt Wirkung, bevor der – eigentlich viel ältere – Slogan zum Gütesiegel der späteren Bundesrepublik wird. Das Produkt aus Wolfsburg

Der Käfer boomt: 1956 wird der 10.000 Volkswagen für Norwegen ausgeliefert.

kann sich sehen lassen. Der nüchtern als „Volkswagen Limousine" bezeichnete Wagen übertrifft in seiner Export-Variante den Standard des Serienmodells: Mehrere Lackierungen stehen zur Auswahl und eine üppige Extra-Polsterung verleiht dem Innenleben einen zumal für die Nachkriegszeit unerwarteten Schick.

Ganz besonders sticht die edle Verchromung hervor, Radkappen und Stoßstangen geben dem kompakten Auto aus Wolfsburg die exklusive Note. Im Konzert der Dunkeltöne fällt die Volkswagen-Limousine angenehm aus der Rolle. Stabile Wertarbeit und attraktive Linienführung finden selten gelungen zueinander. Das sehen auch die Abnehmer in den europäischen Nachbarländern so, allen voran die Niederländer. Stolze 1820 Exemplare gehen 1948 nach Holland, dicht gefolgt von der Schweiz, deren Importeur 1380 Autos ordert. Schließlich rollen im gesamten Jahr 4385 VW über die Landesgrenze. Im Folgejahr steigert sich der Absatz auf 7127 Modelle, das entspricht einem Exportanteil von fast 15 Prozent der gesamten Produktion, Tendenz steigend.

Übergabe auf Raten: VW wird zum Konzern

Es geht aufwärts mit dem Volkswagen, doch noch wirkt sich der Krieg aus. Schließlich beschließt die britische Besatzungsmacht die Unabhängigkeit des Konzerns. Am 8. Oktober 1949 geht Volkswagen an die Bundesrepublik über, das neue Bundesland Niedersachsen ist fortan für die Verwaltung zuständig. Ein wesentliches Merkmal der Unabhängigkeit ist die Installierung eines erfahrenen Generaldirektors. In Heinrich Nordhoff ist schon zum Jahresbeginn 1948 ein erfahrener Manager nach Wolfsburg gekommen, der zuvor bei Opel seine Fähigkeiten unter Beweis stellen konnte.

Alte Schule: In den Anfängen des Werkes gibt es großen Rationalisierungsbedarf.

Die Produktion zieht an: Knapp 20.000 Fahrzeuge verlassen bis Jahresende Wolfsburg. Ein Viertel davon als Exportmodell. Langsam wächst der Wohlstand und damit auch das Verlangen nach Konsumgütern. Der eigene Pkw gehört immer häufiger dazu. Doch Autos sind natürlich teuer, klassisches Ansparen der Kaufsumme dauert Jahre oder gar Jahrzehnte. Da soll die „Volkswagen-Finanzierungs-Gesellschaft mbH" Abhilfe schaffen. Sie wird zum 1. Juli 1949 ins Leben gerufen und richtet sich an private Käufer und Händler gleichermaßen.

Die Darlehensverträge laufen über zwölf Monate und stellen erstmals für die Nachkriegszeit große Summen zur Verfügung. Die potenzielle Kundschaft nimmt gerne an: In den ersten fünf Jahren nutzen knapp 15.000 Kunden das Angebot. Nahezu jährlich erweitert die Finanzierungs-Gesellschaft das Spektrum. In den 60er Jahren werden auch Vorführwagen finanziert, ab 1971 sogar Ersatzteile.

Je mehr Autos verkauft werden, desto besser ausgestattet sind sie auch. Es darf jetzt auch schon etwas Luxus sein, selbst auf Basis des vergleichsweise frugalen, aber nun gut eingeführten Volkswagen. Das Unternehmen Hebmüller entwirft Pläne für ein Cabriolet, das pünktlich zum Sommer 1949 fertig wird. Das Publikum ist begeistert, schnell kommen 2000 Bestellungen zusammen. Doch ein Großbrand zerstört die Fertigungsanlagen der Firma, nur wenige hundert Cabrios sind da ausgeliefert. Mit dem Karosserie-Spezialisten Karmann tritt ein weiterer Mitspieler auf den Plan. Das Unternehmen baut die ersten viersitzigen VW-Cabrios und begründet so eine langjährige Partnerschaft.

VW in den 50ern: Jubiläum und Ausweitung des Portfolios

Zum 100.000. Volkswagen erhält die Belegschaft eine Bonuszahlung. Maximal 120 DM, ab 1954 gar vier Prozent des Jahreseinkommens sind im Rahmen der Extravergütung grundsätzlich möglich. Der Käfer, der noch gar nicht so heißt, brummt. Bald wird die Fahrzeugpalette erweitert. Am 8. März 1950 startet die Serienfertigung des ersten VW-Transporters. Der Kastenwagen namens Typ 2 erobert die Fuhrparks zahlreicher Firmen und Feuerwehren.

Der eine oder andere nutzt den Transporter gar schon in der Freizeit, etwa im Urlaub. Die Ferienreise im eigenen Auto wird der Traum vieler Deutscher, und ins Sehnsuchtsland Italien lässt sich auch mit dem Käfer reisen. Der Alltag ist ebenfalls immer mehr von Mobilität geprägt. Von der Entwicklung profitiert die ganze Branche. Das einstige Luxusobjekt Automobil ist im Leben Vieler angekommen – auch wenn es für die Mehrheit nach wie vor bei reinem Wunschdenken bleibt. Es sollen noch einige Jahre vergehen, bis der Volkswagen seinem Namen alle Ehre macht.

Der Generaldirektor: Heinrich Nordhoff posiert vor der Belegschaft.

Der Konzern erlebt unterdessen einige Wandlungen. Im Mai 1951 bildet sich unter dem Vorsitz von Heinz M. Oeftering ein Beirat, der bedingt durch neue gesetzliche Vorgaben nur wenige Monate später in einen Aufsichtsrat umgewandelt wird. Mit Hugo Bork erhält der Betriebsrat ein prägendes Gesicht, das sich bis 1971 nicht ändern wird – Kontinuität wird endgültig zum Markenzeichen von Volkswagen, auch und gerade in der Administration.

Der Vorzug wird mit den Jahren zum Ballast und dem prinzipiell gut aufgestellten Unternehmen am Ende beinahe zum Ver-

hängnis. Überhaupt die Produktion: Der im fernen Korea tobende Krieg hat urplötzlich Auswirkungen auf den Wolfsburger Standort. Fast ein Jahr lang herrscht Kurzarbeit, an einigen Tagen ruht gar die Produktion. Deutschlands Kohle wird weltweit gebraucht, die Preise steigen astronomisch, so dass die Zechen kaum mit dem Abbau nachkommen.

Die Krise geht vorüber und Volkswagen orientiert sich weiter international. In Kanada startet im Herbst 1952 eine Verkaufsgesellschaft und spannt ein landesweites Vertriebsnetz. Im gleichen

Jahr legen die Designer Hand an die vertraute und unverwechselbare Gestalt des Volkswagens. Beim Facelift bleiben die Verantwortlichen dem Zeitgeist verhaftet und riskieren keine Experimente: 1953 etwa weicht das Brezelfenster einem steglosen ovalen.

Optimierung der Fertigung: VW zählt zur Weltspitze

Die 50er-Jahre stehen im Zeichen des Wachstums. Der Volkswagenkonzern vergrößert sich. In Brasilien entsteht eine eigene Fertigung. Zuerst werden die Komponenten importiert, wegen hoher Einfuhr-Auflagen der Regierung stellt die Fabrik schließlich auf eigene Herstellung um. In Wolfsburg lindern ab 1953 im großen Stil gebaute Werkswohnungen die Mobilitätsprobleme zahlreicher Angestellter, von denen die Mehrheit noch im Wolfsburger Umland lebt. Erst langsam entwickelt sich die Stadt, die parallel zum Werk wächst und ein modernes Straßennetz erhält.

Trotz schnellen Wachstums reichen die Wolfsburger bei weitem noch nicht an die Effizienz der US-Hersteller heran. Das soll sich ab August 1954 ändern: Der Vorstand beschließt die sukzessive Mechanisierung der Fertigung. Damit fällt der Startschuss für eine Reihe von Optimierungen im Produktionsablauf, die sich bis ans Ende des Jahrzehnts hinziehen. Der langsame Prozess wird sich lohnen. Das Ergebnis ist die Reife zur „Großserienfertigung" – Volkswagen zieht mit den führenden Automarken gleich und gehört spätestens in den 60ern zu den Global Playern der Branche.

Zudem wird ins weltweite Händlernetz investiert. Im Oktober 1953 existieren bereits 82 Generalvertretungen weltweit sowie die beiden Tochtergesellschaften in Brasilien und Kanada. Unaufhaltsam steigert Volkswagen seine Popularität und den Absatz. 1953 bleiben noch 70 Prozent der Export-Käfer in Europa, zwei Jahre später bereits geht die Hälfte der Auto-Ausfuhren nach Übersee. Aber auch der heimische Markt wächst rasant. 1954 finden neben 202.174 Käfern auch 40.199 Transporter einen Besitzer.

Produktionsstätte im Grünen: Selten gezeigt wird die Rückseite des Werkes.

Glänzende Erscheinung: Der Star des Tages trägt reichlich Gold.

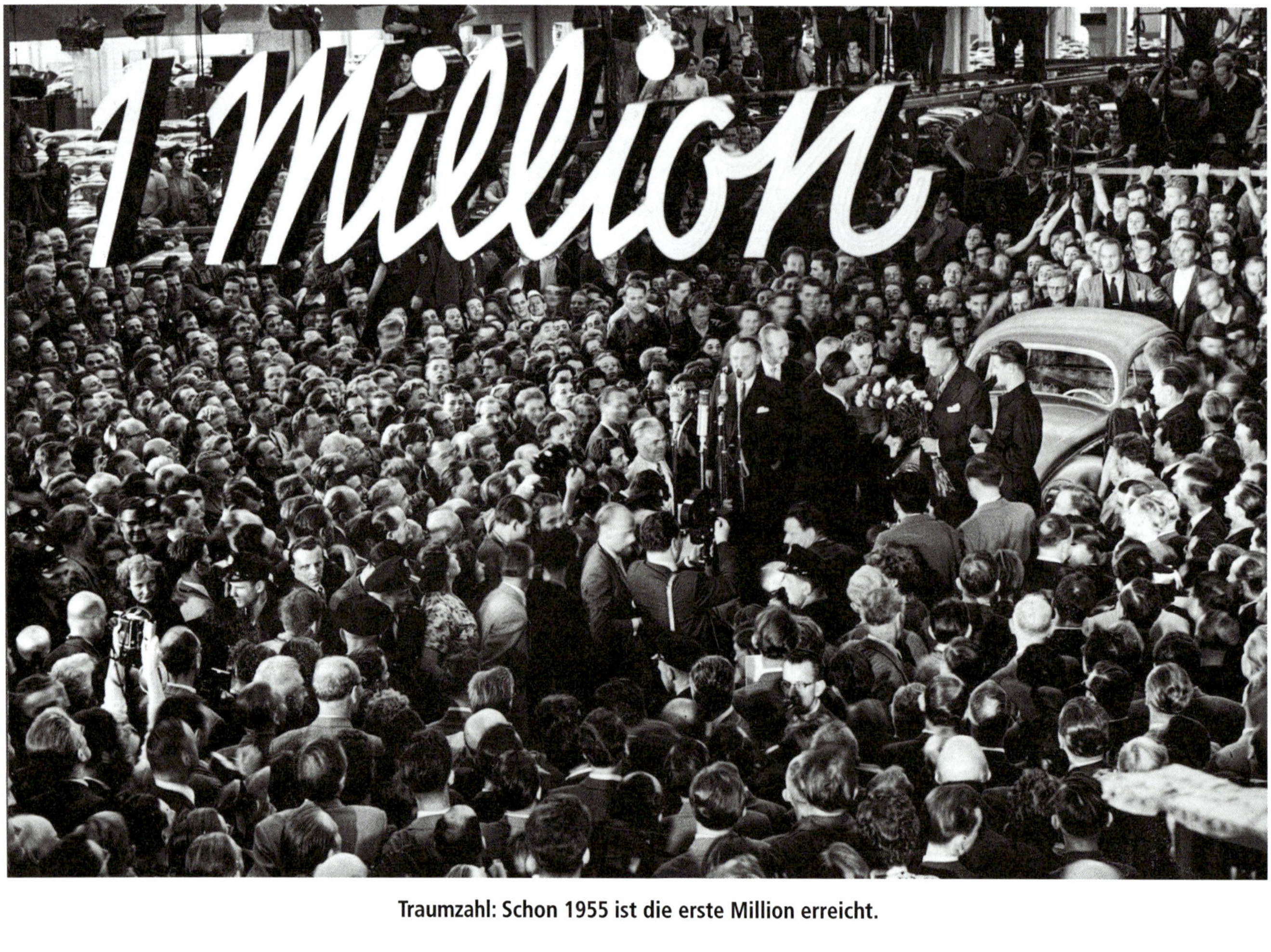

Traumzahl: Schon 1955 ist die erste Million erreicht.

Mit der ein Jahr zuvor installierten Verkaufsförderung professionalisiert Volkswagen zudem sein Händlernetz, während die Arbeiter in Wolfsburg durch die vertraglich zugesicherte Lohnfortzahlung im Krankheitsfall an Lebensqualität gewinnen. Endlich verschafft sich Volkswagen auch auf dem nordamerikanischen Markt Gehör. Nach einigen Querelen wird am 27. Oktober 1955 die Volkswagen of America Inc. ins Leben gerufen. Unter Hochdruck bauen die Verantwortlichen ein Händlernetz auf und investieren in den Kundendienst. Gegenüber den etablierten US-Marken gewinnt der Konkurrent aus Good old Germany an Boden.

Ein Jahr nach Gründung des US-Ablegers kann Volkswagen zufrieden sein: 42.884 Pkw und 6666 Transporter kommen innerhalb von zwölf Monaten auf amerikanische Straßen. Auf dem alten Kontinent platzen derweil die Räumlichkeiten aus allen Nähten. In Hannover-Stöcken entsteht ein nagelneues Werk, das fortan der Transporter- Produktion vorbehalten ist. Im Stammwerk werden wichtige Kapazitäten frei, die den Limousinen-Bau beflügeln.

Das in der Rekordzeit von nur einem Jahr hochgezogene Werk in Hannover blüht auf: 1957 arbeiten dort rund 6000 Leute, die beeindruckende 91.993 Transporter fertigen — fast 60.000 davon für den internationalen Markt. Der als „Bulli" berühmte Allrounder beginnt seine Siegesfahrt rund um den Globus. Im Wolfsburger Stammwerk feiern die Schichtarbeiter die Einführung der 40-Stunden-Woche, die ab dem 1. April 1957 greift. Mit Alfred Hartmann tritt zudem ein neuer Aufsichtsratschef seinen Dienst an.

Unter seiner Ägide fährt Volkswagen nun auch in Down Under vor. Anfangs noch mit zahlreichen regional zugekauften Fertigungsteilen, mit der späteren Übernahme ansässiger Unternehmen schließlich als Produktionsbetrieb in Eigenregie. Nachdem 1956 bereits in einen südafrikanischen Standort investiert worden ist, zeigt VW nun auf allen Kontinenten mit eigener Fertigung Präsenz — bis auf Asien.

Expansion: Das neue Transporterwerk in Hannover sorgt für weitere Rekorde.

VW am Zuckerhut: Das Werk in Brasilien entwickelt sich gut.

Auch in Deutschland vergrößert sich VW stetig. Neben dem Großprojekt in Hannover erfährt der Komplex in Braunschweig eine Aufwertung, neu hinzu kommt außerdem das ehemalige Flugmotorenwerk der Firma Henschel in Kassel. Dort konzentrieren sich Ersatzteilversorgung und Wartung sämtlicher Aggregate. Schrittweise werden die Ressourcen der noch vorhandenen kleineren Instandhaltungswerke nach Kassel überführt. Bei Abschluss dieser Maßnahme 1971 wird die Beschäftigtenzahl dort bei 18.906 liegen.

Wachstum und Wettbewerb: VW in den 60er Jahren
Das Jahrzehnt beginnt für Volkswagen mit einer tiefgreifenden Strukturreform: Aus der Volkswagenwerk GmbH wird im August 1960 die Volkswagenwerk Aktiengesellschaft. Allerdings mit einer gravierenden Einschränkung, denn 40 Prozent der Aktien bleiben in Staatsbesitz, verteilt auf Bund und Land. Die übrigen Aktien im Wert von insgesamt 350 Millionen DM stehen zu je 350 DM zum Verkauf – die VW-Volksaktie erfreut sich großer Beliebtheit.

Der Ruf der Wolfsburger Autobauer stützt sich praktisch allein auf den Volkswagen. Die Beschränkung auf ein Modell (plus Transporter) bedeutet aber auch Abhängigkeit. Die Konzernleitung beschließt daher, ab 1961 mit alternativen Fahrzeugtypen das Portfolio zu erweitern. Der VW 1500 (Typ 3) erscheint zur Internationalen Automobilausstellung in Frankfurt.

Das Image von VW ist längst von den erfolgreichen Nachkriegsjahren geprägt, doch mit der KdF-Wagen-Vergangenheit haben die Wolfsburger immer noch zu tun. Im Oktober 1961 geht ein fast zwölf Jahre dauernder Rechtsstreit zwischen ehemaligen Kdf-Sparern und dem Volkswagenkonzern zu Ende. Der Vergleich sieht vor, dass ehemalige Sparer beim Kauf eines VW-Fahrzeugs 600 DM Rabatt erhalten. Wahlweise steht ihnen eine Einmalentschädigung von 100 DM zu.

Die VW-Werke wachsen. Vor allem der immer größer werdende Standort am Wolfsburger Mittellandkanal wächst sich zu einem Komplex von Montagehallen und Verwaltungsgebäuden aus. Mitarbeiter werden händeringend gesucht, und auch das Interesse an einem Arbeitsplatz in der Autoindustrie ist ungebrochen. Dann kommt es im August 1961 zum Berliner Mauerbau, in der Folge reißt der Zustrom von Arbeitskräften ab. Vor allem aus der DDR haben sich in den vergangenen Jahren zahlreiche VW-Angestellte mit ihren Familien in Niedersachsen angesiedelt.

Nun wirbt VW Gastarbeiter aus Italien an, um den Mangel an Arbeitskräften abzustellen. Ende des Jahres 1962 sind viereinhalbtausend von ihnen im Konzern beschäftigt. Grundsätzlich bleibt die Lage auf dem Wohnungsmarkt angespannt. Mit Gründung der VW-Siedlungsgesellschaft und dem Bau neuer Wohnungen in Wolfsburg versucht VW gegenzusteuern.

Logistische Herausforderung: Immer mehr Fahrzeuge werden ausgeliefert – das Bild aus Wolfsburg stammt von 1963.

Der große Volkswagen: Ab 1961 baut Wolfsburg zwei Pkw-Typen.

Auch in den Werkshallen wird fleißig gebaut. Nach einjähriger Entstehungszeit erhält Wolfsburg 1963 eine 180 Meter lange Transferstraße, auf der in zwei Schichten Karosserien zusammengebaut werden. Dank neuartiger Schweiß-Technologie erhöht sich die Fertigstellungsrate drastisch – und spart 440 Arbeitskräfte ein. Die Gesamtzahl der Fahrzeuge, die auf der neuen Straße bearbeitet werden, liegt bei 3300 Stück täglich. Zusätzlich entstehen zwei Lackierstraßen und 57 Pressen.

Die Produktivität steigt kontinuierlich, die Mitarbeiterzahl liegt Ende 1963 bei 43.722. Sogar ein nagelneues Schiff gehört nun zum Firmenbesitz. Mit dem Autotransporter „Johann Schulte" lassen sich 1750 Fahrzeuge pro Fahrt in die Exportmärkte bringen. Diese Kapazität wird dringend gebraucht, denn trotz zahlreicher internationaler Niederlassungen kommt die Ausweitung der Produktion in Übersee nur schleppend voran. Protektionismus steht einer großdimensionierten Einfuhr im Wege, in der Folge versucht Volkswagen mit einem Ausbau der Eigenproduktion gegenzusteuern.

In Mexiko gelingt das besonders erfolgreich: Ab 1964 firmiert dort eine VW-Tochter, die nach Übernahme der einstigen Volkswagen-Vertretung „Promexa" mit dem schrittweisen Ausbau des landesweiten Vertriebs beginnt. Eine Investition, die Früchte trägt: Schon im folgenden Jahr steigert Volkswagen den Absatz um 59 Prozent. Drei Jahre später besitzt VW einen Marktanteil von 21,8 Prozent und hat damit bereits 22.220 Fahrzeuge vor Ort gefertigt. Mit einem Werksneubau in Puebla festigt Volkswagen schließlich seine Position auf dem lateinamerikanischen Markt.

Werks-Ausbau und eine Enttäuschung auf dem fünften Kontinent

Auch in heimischen Gefilden investiert Volkswagen in den Ausbau der Produktionsstätten. Emden wird neuer Exportstandort, die dort gebauten Käfer-Modelle verlassen Norddeutschland in Richtung Nordamerika. Die Struktur ist gewaltig: In vier Montagehallen und auf einer Fläche von rund 140.000 qm² entstehen im Schichtbetrieb neue Käfer.

Partner für das Besondere: Karmann in Osnabrück baut im Auftrag Käfer Cabrio, Karmann Ghia und VW-Porsche.

Deutschlandweit wird die Zulieferung organisiert: Das Werk in Hannover sorgt für die Anlieferung von Motoren, aus Braunschweig stammen die Vorderachsen, vom Standort Kassel gelangen Getriebe und Rahmen an die Nordseeküste, und das Wolfsburger Stammwerk gewährleistet den Nachschub an Karosserien. Einzig die Produktion der Sitze und des elektrischen Innenlebens erfolgt an Ort und Stelle in Emden. Im März 1967 beträgt die Tagesquote an fertiggestellten Fahrzeugen 1100 Exemplare. Emden wird unverzichtbar: Ab 1974 wird auch der Golf dort montiert, ab 1977 schließlich der Passat.

Zum Hersteller in den USA wird VW dann im Frühjahr 1978. Mit Gründung der „Volkswagen Manufacturing Corporation of America" läuft der Golf auch jenseits des großen Teichs vom Band. Wenig glücklich verläuft die Australien-Expedition. Nachdem 1964 der Direktvertrieb auch auf dem fünften Kontinent gestartet ist, hofft Volkswagen auf ähnlich schnelle Erfolge wie in Südamerika. Doch es soll anders kommen: Starke asiatische Konkurrenz sorgt von Beginn an für rauen Wind.

Die Autos aus Nippon sind schlichter und deutlich günstiger. Australien ist kein Autoliebhaber-Land, das Gros der Kundschaft schätzt robuste und einfache Fahrzeuge. VW gerät ins Schlingern, die Absätze gehen drastisch zurück. 1968 zieht die Verwaltung die Reißleine und beendet das Auto-Abenteuer im Land der Kängurus. Fortan firmiert „Volkswagen Australasia" unspektakulär als „Motor Producers Ltd" und spezialisiert sich auf den Zusammenbau angelieferter Komponenten.

In Brasilien hingegen treibt der Konzern seine Expansionsbemühungen unter ganz anderen Umständen voran. Seit 1953 sind die Wolfsburger schon am Zuckerhut vertreten, der Konzern leistet von Beginn an Pionierarbeit in dem chronisch untermotorisierten Land. Als im Laufe der 50er Jahre auch in Lateinamerika das Auto für Privatbesitzer an Attraktivität gewinnt, beschließt die Geschäftsführung eine Ausweitung der Aktivitäten.

Nach erfolgreichen Verkäufen erfolgt 1956 die Grundsteinlegung für das erste VW-Werk in Brasilien. Das ist der Anfang einer ganzen Reihe von Investitionen bis heute. Nach den Standorten Deutschland und China ist Brasilien inzwischen der drittgrößte. In vier Werken vor Ort entstehen Fahrzeuge vor allem für den südamerikanischen Markt.

Bereits relativ früh, 1957, kommen die ersten VW-Busse aus brasilianischer Herstellung. In den folgenden Jahren und Jahrzehnten werden alle europäischen Top-Modelle wie Golf, Variant und Passat in einem der lokalen Werke gebaut. Auch ein besonderes Fahrzeug findet früh seine südamerikanischen Abnehmer: Das Coupé Karmann Ghia geht aus einer Zusammenarbeit des Karosseriebauers Karmann und Volkswagen hervor. Die sportliche Ausführung des VW-Käfers überzeugt auch in Übersee und sorgt für den internationalen Durchbruch der Osnabrücker Spezial-Firma. Für lange Zeit baut sie die Cabrio-Modelle diverser VW-Baureihen.

Das Wirtschaftswunder vergeht: Der Realismus der späten 60er

Ein schwerwiegender Zukauf vergrößert Portfolio und Reichweite des Volkswagenkonzerns immens: Von Daimler-Benz kaufen die Niedersachsen die „Auto Union GmbH", eine Marke, die zur damaligen Zeit einiges an Renommee besitzt. Mit ihr beginnt der stufenweise Aufbau eines Portfolios von unterschiedlichen Automarken, die Volkswagen aufkauft und in ihrer Eigenart weitgehend erhält. Allen voran die Modelle von Audi, das ursprünglich eine der vier von den Ringen symbolisierten Marken der Auto Union. Sie bleiben Publikumsrenner, auch als VW 1974 beschließt, den Vertrieb von Audi selbst zu organisieren und 1985 die Auto Union in Audi AG umbenennt.

Auch mit eigenen Baureihen erweitert VW die Fahrzeugpalette. Das wird in den 60ern immer schwieriger – die Kundschaft ist wohlhabender und anspruchsvoller geworden. Autos dürfen jetzt teurer sein, sie müssen aber auch etwas Exklusives bieten. Um den Konsumbedarf zu decken, ruft Volkswagen 1966 eine Leasing-Abteilung ins Leben. Eine Finanzierungsmethode, die in Nordamerika bereits jeder zehnte Autokäufer wählt. Die Idee kommt in Deutschland erst schleppend voran, doch bald rüstet VW im großen Stil die Fuhrparks von Unternehmen aus. Die Verbreitung des allzwecktauglichen VW-Transporters, liebevoll „Bulli" genannt, nimmt in dieser Zeit ihren Anfang.

Unterdessen erringt die Belegschaft Verbesserungen. Zum Jahresbeginn 1967 greift der von der IG Metall ausgehandelte Acht-Stunden-Tag. Die 40-Stunden-Woche bei vollem Lohnausgleich wird damit für alle VW-Mitarbeiter Realität.

Doch die Ära der sich gleichsam von allein verkaufenden Boxermodelle neigt sich dem Ende zu. Ende der 60er ist es vorbei mit stetig steigenden Verkaufszahlen, trotz immer wieder aufgefrischter Modelle und Innovationen wie Vollautomatik oder Sicherheitslenksäule. In den Werken regiert die Kurzarbeit. 1967 bricht die Jahresstückzahl gebauter Fahrzeuge um fast 300.000 ein – die Nachfrage im Inland ist zuvor drastisch zurückgegangen. VW investiert in die Breite: In der Lüneburger Heide entsteht ein moder-

nes Testgelände und mit dem Haus Rhode eine Weiterbildungs-
anstalt für VW-Mitarbeiter. Von denen gibt es inzwischen immer
mehr: Der längst zum internationalen Konzern aufgestiegene Autobauer aus Wolfsburg beschäftigt 1969 weltweit 168.469 Leute.

Überlebenskampf mit High-Tech: VW rettet sich selbst

Das neue Jahrzehnt beschert dem Werks-Ensemble ein neues
Mitglied. Mit Salzgitter nimmt am 1. Juli 1970 eine weitere Fertigungsstätte den Betrieb auf, bis Jahresende steigt die Mitarbeiterzahl auf 8000. Eine weitere Neuerung findet Eingang in die Welt
des Volkswagenkonzerns, und nicht nur in diese: Der Computer
startet seinen Siegeszug. Davon ist 1971, als VW der EDV erstmals
Platz einräumt, allerdings nur wenig zu ahnen. Fortan sind zwar
die Vertragswerkstätten mit Computern ausgestattet, doch außerhalb des Kundendiensts spielt der Rechner noch keine große Rolle.

Anders in der Entwicklung: Dort nutzen die Ingenieure die
zahlreichen Möglichkeiten, die ihnen die neue Technologie an die
Hand gibt. Vor allem der Karosseriebau erfährt durch die Erfindung
des computergestützten Abtastens von Oberflächen einen echten
Fortschritt. Der Windkanal wird zum High-Tech-Standort. Noch
eine gute Nachricht, bevor es dunkel wird über der Firmenzentrale
in Niedersachsen: Anfang 1972 bricht Volkswagen den Uralt-Re-
kord von Ford aus dem Jahre 1927 und stellt den 15.007.03. Käfer
her – die legendäre „Tin Lizzy" ist geschlagen. Volkswagen ist der
internationale Champion der Fahrzeugproduktion, häufiger hat
kein Hersteller ein Modell hergestellt.

Doch der Käfer allein macht noch kein zukunftsfähiges Portfolio, zumal seine Konstruktion keine zeitlose ist. Immerhin gibt es
noch einen weiteren Käfer-Produktionsort, nachdem das Werk und
der jugoslawische Hersteller UNIS 1972 das Unternehmen Tvor-
nica Automobila Sarajevo (TAS) gründen. Es ist der Beginn einer
Erfolgsgeschichte, die auch die politische Wende und den Balkan-
krieg übersteht. Unter anderem wird der erste Caddy auf Basis des
Golf aus Jugoslawien kommen.

Ansonsten wird die Lage ernst – nach kleineren Absatzschwä-
chen in der Vergangenheit sieht sich Volkswagen erstmals von einer existentiellen Krise bedroht. Die Jahre 1974 und 1975 werden
zur Zitterpartie. Nach dem exorbitanten Ölpreisanstieg schlittert
die Weltwirtschaft in eine tiefe Rezession. Für Automobilhersteller
eine harte Zeit. Überall schrumpft der Kundenkreis, die Absätze
schwinden täglich.

**Beginn einer neuen Ära: Der Passat hat Frontmotor,
Wasserkühlung und Frontantrieb.**

In dieser heiklen Phase profitiert VW von seinen Planungen, den Käfer durch eine moderne und innovative Serie neuer Fahrzeuge abzulösen. Der Schritt gelingt: Mit den Modellen Passat und Golf können die Wolfsburger den massiven Umsatzeinbruch auf den Weltmärkten durch das Ankurbeln der Inlandsverkäufe kompensieren. 1976 geht es wieder aufwärts, der Absatz steigt um 15 Prozent.

**Der neue Bestseller: Der Golf startet 1974.
Er wird die Welt erobern.**

Möglich ist der Aufschwung nur durch einen tiefgreifenden Wandel in der Fertigung geworden. Die neuen Modelle machen völlig neue Produktionsbedingungen erforderlich. Hängebandmontage, straffere Organisation dank EDV-Analyse und Fortschritte in der Motorenproduktion bringen VW zurück in die Erfolgsspur. Vor allem das sogenannte Baukastenprinzip verschlankt die Montage enorm. Verschiedene Modelle können jetzt mit gleichen Bauteilen bestückt werden, nicht zuletzt dank der Tatsache, dass der Passat im Grunde ein Schrägheck-Audi-80 ist, und der bald dazustoßende Polo zunächst ein Spar-Audi-50.

Comeback der Krise: Der Lkw wird zur Zitterpartie

Die Rentabilität des Unternehmens verbessert sich weiter – Volkswagen ist endgültig zurück in der Spur. Auch im Ausland, wo die Umsätze krisenbedingt stark gesunken sind, erleben die Wolfsburger einen Aufschwung. Um in den USA dauerhaft eine starke Basis zu bekommen, entschließt sich die Konzernspitze 1978 zum Bau des neuen Golf an Ort und Stelle. Im konzerneigenen Werk in Westmoreland entsteht der „Rabbit", die nordamerikanische Variante des Golf.

Dass VW mit dieser Entscheidung richtig liegt, zeigt die zweite Ölkrise. Ohne große Verluste übersteht Volkswagen dank seiner verbrauchsarmen Flotte die Flaute. Vor allem der Golf und der

**Drei Säulen: Das Programm 1987 besteht im Wesentlichen
aus Polo, Golf und Passat.**

ebenfalls sparsame Passat wirken in dieser schwierigen Phase als Stabilisatoren. In Deutschland ganz besonders: VW hält seinen Marktanteil von 30 Prozent auch in Zeiten schrumpfender Absatzmärkte. Die sind Ende der 70er-, Anfang der 80er-Jahre Wirklichkeit, gerade im Segment der oberen Mittelklasse. Audi ist eben dort stark vertreten und klagt über empfindliche Einbußen. Über die Konzernzugehörigkeit betrifft das auch Volkswagen, einmal mehr erweist sich die neue Modellvielfalt als Lebensversicherung.

Auch in Übersee sind die Verhältnisse in Bewegung geraten, anfangs mit positiven Folgen. Die Zahlen stimmen, VW weist Zuwachsraten aus. In Brasilien und Argentinien gelangen die dort etablierten Chrysler-Ableger in den Besitz von Volkswagen. Vor allem in Brasilien konzentriert VW die Lkw-Produktion und nutzt dazu die von Chrysler geschaffenen Strukturen.

Bereits vier Jahre zuvor, 1975, haben die Wolfsburger eine Kooperation mit MAN besiegelt, die der Ausweitung der Nutzfahrzeugpalette dient. VW hat Großes vor, möchte im Lkw-Sektor punkten und wähnt sich mit mittleren Transporter-Modellen wie dem LT oder klassischen 13-Tonnern auf dem richtigen Weg. Da Südamerika eine wichtige Rolle beim Ausbau der Lkw-Fertigung zukommt, trifft die Wiederkehr der Ölkrise das Vorhaben empfindlich – Produktionsverzögerungen sind die Folge, der Bau eines weiteren Werks in Brasilien wird aufgeschoben.

Die Lage im Wolfsburger Krisenzentrum ist angespannt. Die Energiefrage scheint sich – viele Jahre vor der sogenannten „Energiewende" – auf Dauer zu stellen. Zu allem Überfluss ist die Konkurrenz sehr stark. Anfang der 80er Jahre haben asiatische Hersteller, allen voran die aus Japan, als ernstzunehmende Mitspieler ihren großen Auftritt auf dem Weltmarkt. Lange Zeit nur im Rückspiegel auszumachen, holen die Kleinwagen aus Fernost auf und sichern sich wichtige Marktanteile. Das Preis-Leistungs-Verhältnis der Kompaktwagen ist äußerst attraktiv, die Fertigung deutlich flexibler und auf spezifische Kundenwünsche ausgerichtet.

VW ist alarmiert und stärkt den Forschungs- und Entwicklungsbetrieb. Bis 1982 schließt der Konzern ein gewaltiges Investitionsprogramm ab, das 10 Milliarden DM in die Forschungsbereiche Umweltschutz und Fertigungseffizienz fließen lässt – der Volkswagenkonzern ist endgültig im Computerzeitalter angekommen. Hochregallager, Karosseriebau und eine flexible kleinteilige Produktion erfahren eine IT-basierte Optimierung und wandeln den Charakter des Fahrzeugbaus nachhaltig. VW ist bereit für den nächsten Boom – und muss nicht lange auf ihn warten. Die 80er werden zum profitablen Jahrzehnt.

VW überall: Asien boomt, Spanien holt auf, Südamerika bleibt schwierig

Asien rückt stärker als bisher in den Fokus der Automobilindustrie. Der gesamte pazifische Raum erfährt einen Aufschwung, an dem auch die europäischen und die US-amerikanischen Marken partizipieren wollen. Volkswagen geht gut aufgestellt in die Offensive und schließt 1982 eine Lizenzvereinbarung mit Nissan. Das VW-Modell Santana entsteht fortan auch bei den Japanern und kann einen gewissen Erfolg verbuchen.

Frühes Engagement: Volkswagen investiert schon in den 80er Jahren in China – hier ein Santana im Straßenbild von 1990.

Das Potenzial der konsumstarken Nation ist außerordentlich, doch der Inselstaat sträubt sich anfangs gegen ausländische Investitionen. Ende der 80er-Jahre gelingt es Volkswagen schließlich, mit der „Volkswagen Audi Nippon K.K." einen flächendeckenden Vertrieb einzurichten. Ähnlich schwierig gestaltet sich die Expansion nach China. Im Riesenreich regt sich schon 1980 erstes Interesse an VW, doch eine desolate Infrastruktur und finanzielle Unwägbarkeiten verhindern ein frühes Fußfassen der Niedersachsen.

China aber legt eine atemberaubende Entwicklung hin: Mitte der 80er sind die Gegebenheiten vor Ort bereits auf einem akzeptablen Niveau, so dass VW die Produktion des Santana in die Wege leiten kann. Anfang der 90er existieren im Reich der Mitte zwei Joint Ventures von Volkswagen und regionalen Firmen, die den Wolfsburgern den Spitzenplatz in der Zulassungsstatistik bescheren – der Santana wird zum Top-Modell Asiens.

Mit zwei weiteren Erfolgsmodellen, Passat und Polo, steigt VW im Frühjahr 1981 auf dem spanischen Markt ein. Vorausgegangen ist dem Engagement eine Kooperation mit Seat, das nach dem Ausstieg des Kleinwagen-Konkurrenten Fiat einen neuen Partner sucht – der Beginn einer intensiven Zusammenarbeit. In der Folge geht die Produktion des VW Polo komplett nach Spanien und gibt im Wolfsburger Stammwerk wichtige Kapazitäten für den neuen

Gesamtdeutsches Duo: Volkswagen lässt in den 80er Jahren bei IFA in der DDR Motoren fertigen, die auch in Wartburg (vorn) und Trabant eingebaut werden.

Golf frei. Eine Verlagerung mit Folgen: Auf der iberischen Halbinsel gehen die Verkäufe – nicht nur die des dort gebauten Polos – steil nach oben: Zwischen 1982 und 1984 steigert Volkswagen den Absatz seiner Fahrzeuge von 2379 auf 28.887 Exemplare.

In ganz Europa genießt VW Mitte des Jahrzehnts einen exzellenten Ruf und erzielt Rekordergebnisse. Erstmals stehen die Wolfsburger auf Platz 1 der Verkaufscharts, niemand setzt 1985 auf dem europäischen Markt mehr Autos ab. 760.000 Fahrzeuge innerhalb von zwölf Monaten entsprechen einem Plus von 26 Prozent. Und der Trend geht weiter nach oben. Seat wird aufgekauft und in das Marken-Portfolio des Volkswagenkonzerns aufgenommen. Allerdings muss das ehemalige spanische Staatsunternehmen erst einmal mit großem Aufwand saniert werden. Erst ab 1988 wirft Seat Gewinne ab.

Das Südamerikageschäft hingegen wird zur zähen Angelegenheit. Der Kontinent kommt nicht zur Ruhe, Inflation belastet die Haushalte, dazu kommt unübersichtliche Bürokratie. Volkswagen schließt sich 1986 mit Ford zusammen, um an wirtschaftlicher Entscheidungsmacht zuzulegen. Die Holding „Autolatina" fasst die Kompetenzen beider Marken zusammen und sichert den Absatzmarkt einigermaßen.

Doch Argentinien und Brasilien bleiben unsichere Standorte, erst Anfang der 90er Jahre kommt es zu einem offiziellen Abkommen zwischen den beiden Fahrzeugbauern, den Gewerkschaften und dem Wirtschaftsministerium. In der Folgezeit stabilisiert sich der Markt. VW und Ford setzen ihre Kooperation sogar fort, in Portugal investieren beide in die Fertigung einer Limousine. Schließlich kommt es zur politischen Wende in Osteuropa – eine völlig neue Situation entsteht und fordert erneut den Unternehmergeist heraus.

Aufbruch und Verzögerung:
Volkswagen fährt ins nächste Jahrtausend

Der Umbruch öffnet der Automobilbranche neue Horizonte. Im gesamten Ostblock tut sich ein potenzieller Kundenstamm auf, der nicht selten sehnsüchtig nach Autos westlicher Prägung verlangt. Hinzu kommen einige interessante Fertigungsstätten samt Fachpersonal. VW wird in Sachsen heimisch und betreibt fortan die geschichtsträchtigen Werke in Zwickau und Chemnitz. Anders als in Übersee greift der Konzern bei seinen neuen Standorten auf vorhandene Strukturen zurück.

Die Verbindung VW-Sachsen steht seit Jahrzehnten, in der neu formierten „Volkswagen IFA-Pkw GmbH" verstärkt sie sich. Mit der DDR gab es bereits ein Abkommen zu Fertigung von VW-Motoren. Die sollten nun auch in die alten Zweitakter Wartburg und Trabant eingebaut werden und so die Kundschaft bei der Stange halten. Sogar familiär existiert eine Bindung: Der Vater des Vorstandsvorsitzenden Carl H. Hahn ist einst lange Jahre Direktor der Chemnitzer Auto-Union gewesen.

Volkswagen nimmt Verbindung zum Traditionshersteller Škoda auf. Die gesamte Produktion geht 1991 in VW-Besitz über, was das Portfolio um die vierte Marke erweitert. Neben den eigenen VW-Modellen zählen Anfang der 90er Fahrzeuge von Audi, Seat und Škoda zum Imperium der Wolfsburger. Dabei hatte doch einst alles mit einem „Sparauto" begonnen.

Nach anfänglichen Ernüchterungen pendelt sich die wirtschaftliche Situation bei Škoda schließlich ein. Für den Standort Osteuropa spielen die Tschechen fortan eine wichtige Rolle – wie überhaupt die Internationalisierung des Konzerns Priorität genießt. Unter der Ägide des Vorstandsvorsitzenden Ferdinand Piëch setzt die Marke VW auf den Faktor Nachhaltigkeit. „Qualität vor Volumen" wird zum Leitsatz der 90er. Selbst der unglücklich agierende Chefeinkäufer Lopez kann den Aufwärtstrend nicht stoppen – dessen Low-Budget-Prämisse bei der Beschaffung von Bauteilen kann sich nach seinem Ausscheiden aus dem Konzern 1996 nicht durchsetzen.

Auf vier Kontinenten laufen inzwischen VW-Konzernbänder. Der Platz an Europas Spitze scheint auf Dauer gesichert. Dann kommt es 1992 zur Krise, einmal mehr. Auf den Exportmärkten herrscht Rezession, ungünstige Wechselkurse bringen VW in eine miserable Position gegenüber der Konkurrenz. Grund genug, die internen Strukturen zu überdenken. Nach japanischem Vorbild setzt die Konzernleitung einen Wandlungsprozess in Gang. Am Ende steht eine alles durchdringende Verschlankung, die VW durch die Krise bringt und auf den nächsten Sprung vorbereitet.

Der erfolgt 1997, als die Fertigung der vierten Golf-Generation anläuft. Zuvor kann mit der Einführung des TDI-Motors der Verbrauch erstmals unter die Fünf-Liter-Marke gedrückt werden. Nachhaltigkeit steht hoch im Kurs, und das Jahrzehnt in ihrem Zeichen. Volkswagen baut 1999 mit dem Lupo 3 L TDI das erste Drei-Liter-Auto in Serie und erhöht durch die neue FSI-Technologie

Erfolgsmodell: Auch der Golf IV – hier in fein abgestimmter Farbpalette – bestimmt lange Jahre das Geschehen in der Kompaktklasse.

die Leistungsstärke des Otto-Motors bei gleichzeitiger Reduzierung des Benzinverbrauchs. Und Volkswagen wächst weiter: Im Sommer 1998 hält mit dem Kauf von Bugatti die Oberklasse Einzug ins Marken-Bouquet. Es folgen Bentley und Rolls Royce.

VW im Jahrtausendwechsel:
Porsche-Drama und Vergrößerung der Bandbreite

Trotz Marktführerschaft in Europa und weltweitem Renommee bleibt der Volkswagenkonzern auch im neuen Jahrtausend der Dynamik der Märkte ausgesetzt. Diese führt 2003 zu einem massiven

Gewinneinbruch von fast 50 Prozent. Volkswagen muss sich einmal mehr neu aufstellen. Der Konzern erfährt eine Verschlankung, die Gehaltskosten sinken. Auch das Arbeitszeitmodell kommt auf den Prüfstein und wird wieder der 35-Stunden-Woche angepasst.

Bei der Vermarktung des neuen Golf V werden die konjunkturell schwachen Gegebenheiten berücksichtigt: Mit der Rabattaktion „30 Jahre Golf" sollen zögernde Kunden zum Kauf des Portfolio-Klassikers animiert werden. Überhaupt genießt die Kundenbindung hohen Stellenwert. Die Gläserne Manufaktur Dresden und die Autostadt in Wolfsburg sind Zeichen eines neuen Verständnisses von Präsentation. Der Versuch, mit der Limousine Phaeton ein VW-Modell neben den Audi-Fahrzeugen in der Oberklasse zu etablieren, bleibt allerdings hinter den Erwartungen zurück.

Das Jahrzehnt geht dramatisch zu Ende. Die Entwicklung beginnt im Herbst 2005, als sich Porsche mit 20 Prozent als größter Aktienbesitzer in die Volkswagen AG einkauft. Dabei handelt es sich nur um das Vorspiel zur 2009 versuchten Übernahme. Es folgt eine dramatische Kursentwicklung, die im Herbst 2008 dazu führt, dass die Volkswagenaktie kurzfristig mehr als 1000 Euro kostet – die Wolfsburger sind vorübergehend das wertvollste Unternehmen der Welt.

Trotz eines Aktienbesitzes von mehr als 50 Prozent scheitert Porsche allerdings mit seinem Versuch, die Volkswagen AG zum Tochterunternehmen zu machen – es kommt sogar völlig anders als geplant. Porsche übernimmt sich mit seinem ehrgei-

zigen Vorhaben und wird am Ende Teil des VW-Markengeflechts. Das wächst weiter. Ende 2009 wird Volkswagen Anteilseigner bei Suzuki, ab 2010 zählt das legendäre Italdesign-Studio zu Audi. Spät schließt sich auf diese Weise ein Kreis, denn schon die Linienführung des ersten Golf wurde vom renommierten Turiner Unternehmen verantwortet. Eine gute Gelegenheit, auch das eigene Firmenemblem behutsam zu modernisieren.

VW hat seinen Einfluss mittlerweile durch den Audi-Kauf der Motorradmarke Ducati und die Übernahme der Lkw-Riesen Scania und MAN im Jahre 2012 ein weiteres Mal vergrößert. Mitten in diese Phase hagelt dann der Skandal der Abgasmanipulation, der im Herbst 2015 öffentlich wird. Aus dem in den USA ermittelten Manipulationsverdacht wird eine ernste Affäre, die den Volkswagenkonzern voll in die Pflicht nimmt. Dass eine „Schummel-Software" installiert ist, um bei Abgasprüfungen im Rahmen der Typabnahme korrekte Werte zu liefern, die dann im Straßenbetrieb nicht mehr eingehalten werden, erschüttert den ganzen Konzern und beschädigt das Vertrauen in die Marke Volkswagen.

Vorstandsvorsitzender Martin Winterkorn muss gehen, gerichtliche Verfahren auf verschiedenen Ebenen schließen sich an. Allein in den USA wendet VW 4,3 Milliarden Dollar als Strafzahlungen auf, dazu kommen Entschädigungszahlungen durch Rückkäufe

Alle Achtung: Im Jahre 2007 wird der 25-millionste Golf gefeiert.

Vorzeigeobjekt: In der Gläsernen Manufaktur von Dresden
lässt sich die Endmontage des Phaeton besichtigen.

Die VW-Fabrik von heute: Alles präsentiert sich automatisiert, hell und sauber.

Oben: Ein Grund zum Feiern: Bis 2018 sind in Wolfsburg 45 Millionen Autos gebaut worden.

in Höhe von 25 Milliarden Euro. Der Markt reagiert überraschenderweise mäßig bis gar nicht auf den Skandal, abgesehen von leichten Absatzrückgängen in Europa. Weltweit wächst der Absatz sogar, 2017 meldet der Volkswagenkonzern mit 10,74 Millionen Fahrzeugen einen neuen Höchstwert. Das entspricht einer Steigerung von 4,3 Prozent.

Unter dem Eindruck des Abgasskandals beschließt VW Korrekturen in allen Bereichen des Unternehmens. Eine gigantische Aufgabe für den 2015 ins Amt gelangten Vorstandsvorsitzenden Matthias Müller und seinen Nachfolger ab 2018, Herbert Diess. Notwendige Wandlungen sind ohne Alternative, aber auch eine Herausforderung, wie sie der Volkswagenkonzern seit seinen Anfängen erfährt. Sie erst haben den Weg vom ehrgeizigen Innovationsprojekt zum etablierten Weltkonzern geebnet.

Rechts: Übernimmt in unruhigen Zeiten: Vorstandsvorsitzender Dr. Herbert Diess.

Kapitel II.
Die Klassiker

Käfer

Die Vorserie ist da, eine Produktion aber nicht in Sicht: Volkswagen von 1938.

Diese Karriere hat dem Volkswagen – später in Deutschland kurz „Käfer" genannt – wohl niemand zugetraut. Mehr als 20 Jahre lang sollte er Maßstab in der damaligen unteren Mittelklasse bleiben, Generationen von Konkurrenzmodellen würden sich an ihm die Zähne ausbeißen, ehe ganz langsam seine Götterdämmerung einsetzen sollte. Und das alles mit einer Vorkriegskonstruktion!

Tatsächlich ist der Volkswagen ein mehr als zehn Jahre alter Entwurf, als 1945 in ganz bescheidenen Stückzahlen die Produktion einsetzt. Zwar starten fast alle Hersteller mit Vorkriegsautos, erneuern dann aber bald ihr Programm gründlich. Trotzdem müssen sie bis Mitte der 1960er Jahre akzeptieren, dass nicht ihre Neukonstruktionen, sondern der da prinzipiell schon 30 Jahre alte VW das Maß seiner Klasse ist.

Heckmotor luftgekühlt, Plattformrahmen mit hinterer Pendelachse, vorn eine Achse aus zwei Tragrohren und quer laufenden Federstäben, vier Sitze, eine für die Zeit relativ windschlüpfige Form, so machen Vorläufer des Volkswagens die ersten Schritte. Professor Dr. Ing. h.c. Porsche, der hoch angesehene und erfahrene Konstrukteur mit eigenem Büro in Stuttgart, hat für seine Idee ab dem Jahr 1932 mit der Motorradfabrik Zündapp zusammengearbeitet, dann mit NSU. Erste wichtige Schritte der Entwicklung und Erprobung sind erledigt, als im „Dritten Reich" die von der alleinregierenden NSDAP propagierte staatlich geförderte Volksmotorisierung in Spiel kommt und die Porsche-Konstruktion in den Mittelpunkt rückt. Wegen des bald entfesselten Krieges wird daraus allerdings nichts mehr.

Zunächst aber ist ein echter Volkswagen angefragt, und obwohl etablierte Hersteller dazu auch ihre Ideen haben, erhält das Porsche-Projekt 1934 Vorrang. Da ist der künftige Volkswagen noch mitten in der Erprobung. Erst 1938 gilt er als serienreif, 1939 ist das neue Werk bei Fallersleben fertig – richtig los geht es aber dann mit dem Kübelwagen für den Kriegseinsatz.

Durchblick nach hinten: 1953 ist das Brezelfenster passé.

Käferparade im VW-Museum: 17 Jahre liegen zwischen dem ersten und dem vierten Exemplar.

Ohne Allradantrieb, aber dafür leicht, robust und genügsam, erweist sich der Kübel, der ja technisch ein Volkswagen ist, auch unter harten Bedingungen als ziemlich gut. Das sind immerhin Vorschusslorbeeren für den Käfer, der dann in den ganz frühen Jahren zunächst noch kaum gegen wirklich moderne Konkurrenz bestehen muss. Das Lieblingsbild von VW-Verkäufern wie – Kunden sieht so aus: Opel und Ford stehen am Fuß der Passstraße über die Alpen – die erste Reisewelle aus Deutschland gen Süden

ist in vollem Gange – mit kochendem Kühler, und der luftgekühlte Käfer zieht mühelos und munter vorbei. Es baut sich ein Käfer-Mythos auf, gegen den es die Konkurrenz lange sehr schwer hat. Konstruktive Nachteile wie Hecklastigkeit, Seitenwindempfindlichkeit, schlechte Zugänglichkeit des Motors, kleiner Kofferraum, nur zwei Türen, schlechte Sicht und drehzahlabhängige Heizung verblassen in dieser Situation – der Käfer ist auf der Erfolgsspur und lässt sich so schnell nicht von ihr abbringen.

TECHNISCHE DATEN	VW Export
Bauart	Limousine
Bauzeit	1949 – 1953
Motor	Vierzylinder-Boxer
Hubraum	1131 ccm
Leistung	25 PS
Getriebe	Viergang-Handschalter
Antrieb	Hinterräder
Gewicht	730 kg
V_{max}	105 km/h

Ab ins Grüne: Mit dem neuen Käfer machen sich die Bundesbürger auf den Weg ins Nachkriegsglück.

Volkswagen fährt jeder, der Arbeiter am Ende der 50er kann ihn sich so eben leisten, der Oberstudienrat könnte leicht etwas Teureres kaufen, findet aber nichts dabei, Käfer zu fahren. Um das Jahr 1960 sind 1000 Mark netto in der Bundesrepublik ein gutes Akademikergehalt. Der Käfer Standard kostet in diesem Jahr jene erwähnten 3790 Mark, der Export 4600 Mark und das Cabrio 5990. Die breite Akzeptanz ist die Basis der Erfolgsgeschichte. Der Käfer ist für längere Zeit tatsächlich ein Volkswagen geworden.

Dazu passt, wie selbst kleine Verbesserungen – manchmal zwingend nötig und längst überfällig – vom Werk zelebriert und vom Publikum begeistert aufgenommen werden. Die Begeisterung ist echt, VW-Fahrer und Teile der Öffentlichkeit nehmen rege Anteil an der Weiterentwicklung des Erfolgsautos. Da wirkt es fast wichtiger, dass der Käfer jetzt Türgriffe mit Druckknopf hat als dass Opel ein neues Modell zeigt …

Es ist eine ewig lange Kette der kleinen Verbesserungen – schneckengleich steigt die Motorleistung, Quadratzentimeter für Quadratzentimeter wächst die Fensterfläche, irgendwann passt ein Kulturbeutel mehr in den Kofferraum, und eines Tages hat das Ding sogar Scheibenbremsen. Und jahrelang gelten der praktisch unzerstörbare Ruf der Zuverlässigkeit und der gute Werterhalt der gebrauchten VW. Der Volkswagen ist sorgfältig verarbeitet – große Stückzahlen bringen Erfahrung – und wenig pannenanfällig. Das bekommen die Wettbewerber mit ihren vielen Modellwechseln einfach nicht hin.

Außerdem hat Volkswagen den Vorteil eines engmaschigen Servicenetzes, wie es heute kaum noch vorstellbar ist, früh erkannt. Auch im Ausland gibt häufig einen VW-Dienst, jedes Hinweisschild während der Urlaubsreise bestätigte den VW-Fahrer in seiner Wahl. Nicht zu vergessen der relativ günstige Preis für ein vollwertiges Auto. In den ersten Jahren sinken die Preise sogar, das Werk gibt Rationalisierungseffekte dank wachsender Stückzahlen tatsächlich an die Kundschaft weiter. Den billigsten Käfer aller Zeiten gibt es – unabhängig vom aktuellen Gegenwert der Währung – im Jahre 1957, als der Preis für den Standard nochmals sinkt, nämlich von 3950 auf 3790 Mark.

Käfer   1945 – 1964

So beginnt der Käfer als serienmäßig produziertes Auto Ende 1945 seine Karriere (in den Monaten zuvor hat es eine Montage weniger Fahrzeuge aus vorhandenen Teilen gegeben): Der Vierzylinder-Boxermotor leistet 25 PS aus 1135 ccm Hubraum. Das letzte Vorserienexemplar 1938 ist noch mit 23,5 PS aus 985 ccm ausgekommen, vergrößerte Bohrung hat den Zuwachs erbracht. Ansonsten ist die Grundtechnik unverändert. Der Schalthebel in der Wagenmitte sorgt für zwei Einzelsitze vorn statt der anderswo üblichen durchgehenden Sitzbank, hinten ist Platz für drei. Konzeptbedingt entsteht hinter der Rückbank unmittelbar vor dem Motor ein weiterer Stauraum, der sich praktisch nutzen lässt. Unzählige Kinder haben dort auf Reisen das Brummen des Motors gespürt und gut gelegen – Sicherheitsbedenken sind in der Käfer-Epoche noch nicht ausgeprägt.

Als Standard-Modell bezeichnet das Werk den ersten Volkswagen, und der Standard ist niedrig. Lieferbar in Grau oder Schwarz, keinerlei Chromverzierung, einfacher Lack, ein Lenkrad mit drei dünnen Speichen und das später so berühmt gewordene „Brezelfenster", die kleine, zweigeteilte Heckscheibe. Natürlich weiß das Werk genau, was dem Volkswagen am Notwendigsten auch in der technischen Grundausrüstung fehlt. Hydraulische Bremsen und ein Synchrongetriebe gibt es erst nach und nach für den 1949 eingeführten VW Export, also im Jahr nach der Währungsreform und im Gründungsjahr der Bundesrepublik. Der Standard muss mit Seilzugbremsen auskommen und wird sie noch bis 1962 behalten. Sein Getriebe bleibt ebenfalls bis 1964 nicht vollständig synchronisiert.

TECHNISCHE DATEN	VW 1200
Bauart	Limousine
Bauzeit	1960 – 1965
Motor	Vierzylinder-Boxer
Hubraum	1192 ccm
Leistung	34 PS
Getriebe	Viergang-Handschalter
Antrieb	Hinterräder
Gewicht	760 kg
V_{max}	115 km/h

Den allerersten als Export bezeichneten Käfer-Modellen aus dem Jahr 1949 geht es in technischer Hinsicht zunächst nicht besser als dem Standard. Die hydraulische Fußbremse kommt 1950, das Synchrongetriebe (ohne Synchronisation des ersten Gangs) 1952. In Optik und Ausstattung darf der Export aber von Anfang an mehr zeigen. Chrom für Radkappen, Stoßstangen, Türgriffe und Scheinwerferringe und die seitliche Zierleiste, Kunstharzlacke in neuen Farben, ein Zweispeichenlenkrad, während der Fahrt einstellbare Vordersitze und die Entriegelung der Kofferraumklappe von innen – das sind die kleinen Verbesserungen in der frühen Zeit.

Und sie werden dankbar wahrgenommen, jeder kleine Fortschritt ist nach Jahren des Entbehrens ein Lichtblick. Ein solcher ist auch das ovale Heckfenster, eingeführt im März 1953. Als purer Luxus erscheint dagegen das schon 1949 vorgestellte und vom Karosseriewerk Karmann entwickelte und gebaute Cabriolet. Vorsichtig genehmigt Generaldirektor Heinrich Nordhoff eine Serie von 1000 Stück – der Start einer lange anhaltenden Tradition.

Das Cabrio kostet 1875 DM mehr als die Export-Limousine. Die Differenz allein entspricht gut sieben durchschnittlichen Monatslöhnen. Und doch setzt sich das Cabrio durch. Volkswagen bleibt ihm immer treu. Die Zeichen stehen inzwischen generell auf Wachstum, im August 1953 läuft bereits (Fortsetzung Seite 47)

TECHNISCHE DATEN	VW Cabriolet
Bauart	Limousine
Bauzeit	1949 – 1953
Motor	Vierzylinder-Boxer
Hubraum	1131 ccm
Leistung	25 PS
Getriebe	Viergang-Handschalter
Antrieb	Hinterräder
Gewicht	800 kg
V_{max}	105 km/h

KARMANN GHIA   1955 – 1974

In diesem Falle hat der Erfolg zwei Väter. Die Karosseriefabrik Karmann in Osnabrück ist so mutig, ein Coupé auf dem Fahrgestell des Volkswagens zu entwickeln und dabei ganz unkonventionell die italienische Designfirma Carozzeria Ghia in Turin mit dem Entwurf zu betrauen – und Volkswagen erkennt das Geschäft mit einem relativ luxuriösen Auto. Die Zeit dafür ist reif, in Deutschland greift allmählich das Wirtschafswunder im Zuge des Wiederaufbaus nach dem Krieg, ganz Europa geht es besser, und der US-Markt hat ohnehin Sinn für ein Coupé und ein zweisitziges Cabriolet. Das Grundprinzip überzeugt überall: Robuste, bewährte Großserientechnik, italienischer Chic und solider Karosseriebau des Spezialisten aus Deutschland – das ergibt eine überzeugende Mischung.

Bis der zweite Vater seinen Anteil am späteren Erfolg für sich reklamieren kann, muss der erste eine Weile bangen. Wilhelm Karmann hat schon 1953 die Idee gut gefunden, einen „schnittigen Volkswagen" zu bauen und nimmt mit Luigi Segre, dem Direktor von Ghia, Kontakt auf. Dessen Entwurf passt auf Anhieb, aber was sagt der allgewaltige VW-Generaldirektor Heinrich Nordhoff dazu? Ohne sein Placet kann es keinen Volkswagen geben, wer auch immer ihn entwickelt hat und bauen will.

Den Zittertermin im November 1953 bringen Karmann und Segre erfolgreich hinter sich. Das ist die entscheidende Klippe. Sie zu überwinden hat Karmann natürlich bessere Möglichkeiten, weil er schon ein Produkt für Volkswagen fertigt, das Cabrio des Käfers. Andere haben kein Glück in Wolfsburg. Rometsch aus Berlin, Drews aus Wuppertal oder Beutler in der Schweiz dürfen zwar das VW-Chassis verwenden, erhalten es aber nicht zu Vorzugspreisen, die Autos gelangen auch nicht in das offizielle Verkaufsprogramm von Volkswagen. Im Sommer 1955

wird der Volkswagen Karmann Ghia – so die offizielle Typbezeichnung – den Händlern und der Presse vorgestellt – eine Präsentation der Firma Karmann, nicht von Volkswagen! Beim Händler gibt es solche Unterscheidungen nicht, offiziell wird der Karmann Ghia als Typ 14 geführt.

Top-Design: Der Karmann-Ghia gefällt auf den ersten Blick und bleibt 19 Jahre aktuell.

Fast unverändert kommt das Chassis des Käfers zum Zuge. Allein der beim VW Export erst 1959 eingeführte Stabilisator der Vorderachse unterscheidet es im Karmann Ghia vom Käferfahrgestell. Auch Leistung – zu diesem Zeitpunkt 30 PS – und die Antriebsübersetzung bleiben unverändert, man unternimmt gar nicht erst den Versuch, aus dem sportlich aussehenden Coupé einen Sportwagen zu machen. Das belegt allein schon das Eigengewicht von 820 kg; das sind 80 mehr als der Export wiegt.

Großzügigkeit: In der Breite hat der Karmann Ghia mehr Platz als der Käfer.

TECHNISCHE DATEN	Karmann Ghia
Bauart	Cabriolet
Bauzeit	1957 – 1960
Motor	Vierzylinder-Boxer
Hubraum	1192 ccm
Leistung	30 PS
Getriebe	Viergang-Handschalter
Antrieb	Hinterräder
Gewicht	810 kg
V$_{max}$	118 km/h

Die Karosserielinie ist ein großer Wurf. 19 Jahre lang sollte sie aktuell bleiben, ohne am Ende der Produktion 1974 verstaubt zu wirken. Luigi Segre gelingt ein Spiel mit den Rundungen, sowohl ganzheitlich wie im Detail. Dachform, Kofferraum- und Motorhaube, Kotflügel und die Linienführung der Fenster ergeben ein harmonisches Ganzes. Vorn dominieren die runde Nase und Lufteinlässe (für die Innenraumbelüftung). Die Glasflächen sind üppig, vor allem im Vergleich zum Käfer. Vom „lichtdurchfluteten Raum" sprechen die ersten Tester. Die im Vergleich zum Käfer aufwendigeren Einzelsitze und überhaupt die größere Innenbreite der Karosserie – das Trittbrett des Käfers hätte dem Coupé bestimmt nicht gestanden – geben ein gutes Raumgefühl. Hinten bleibt der Platz knapp, schon wegen des geneigten Daches. Eine schmale Bank nimmt kaum mehr als ein wenig Gepäck auf.

Der Karmann Ghia kostet 1955 stolze 7500 Mark, 3000 mehr als der Käfer in Exportausführung und genau so viel wie Borgwards Isabella- Limousine (das Coupé kommt erst 1959). Dennoch greift die Kundschaft zu, auch bei Sonderausstattungen, vor allem Weißwandreifen sind gefragt. Auch das farblich abgesetzte Dach steht dem Coupé gut.

Zwei Jahre nach der Premiere folgt das Cabrio für 8250 Mark. Es steht dem Coupé an Eleganz nicht nach, was sehr für die gelungene Gesamtlinie des Karmann Ghia spricht. In der Produktion nimmt es immerhin rund 20 Prozent ein. Karmann Ghia Typ 14 in Zahlen: 443.467 Einheiten baut Karmann in Osnabrück, davon 80.881 Cabriolets. 1966 wird mit 33.780 der höchste Jahreswert erreicht. Der Karmann Ghia entsteht aber nicht nur in Osnabrück, sondern auch in Brasilien. Karman do Brasil nimmt 1960 die Fertigung des Coupés auf, die des Cabriolets in sehr kleiner Stückzahl. 1970 kommt der vor Ort weiter entwickelte Typ TC hinzu, moderner und glattflächiger gestaltet. In Brasilien werden 41.697 (davon 18.119 TC) gebaut.

Modellpflege

Alle Neuerungen unter dem Blech des Käfers kommen zwangsläufig auch dem Karmann zugute. Deshalb bleibt die PS-Leistung stets bescheiden. 34 sind es ab 1960, 40 PS aus 1300 ccm Hubraum 1965, dann 44 PS als VW 1500 und 50 PS ab 1970. Das bedeutet auch die neue Vorderachse 1965, vordere Scheibenbremsen 1966 und auf Wunsch Halbautomatik ab 1967. Äußerliche Änderungen betreffen nur die Leuchteinheiten und die Lufteinlässe vorn. Blinker statt Winker hat der Karmann von Anfang an, 1969 wachsen die Blinklichter und werden rechteckig, die Heckleuchten folgen 1971 und nehmen Anleihe am VW 1600 aus der Reihe des Typ 3. Innen zeigen ab 1971 zwei große Rundinstrumente Modernität. Schon seit 1959 sind die Frontscheinwerfer höher gesetzt und die Rücklichter länglich geformt. Nicht alle Retuschen an der Linie des Karmann Ghia überzeugen, denn die Gesamterscheinung ist an sich kaum verbesserungsbedürftig.

Oben: Sonnige Rast am See: 1959 bietet der Käfer bereits die große Heckscheibe und druckbetätigte Türschlösser, hat aber noch den klassischen Winker in der B-Säule.

Links: Reiseträume werden wahr: Der Käfer auf Urlaubstour in den Dolomiten.

Unten: Familienidyll aus der Werbefotografie: Im Mittelpunkt steht der Käfer von 1960, schon mit Blinklichtern auf den Kotflügeln.

der 500.000 Käfer vom Band in Wolfsburg. Das wird ebenso groß gefeiert wie die erste Million zwei Jahre später.

Erneut etwas mehr Bohrung ergibt 1192 ccm Hubraum, der Volkswagen 1200, wie er später heißen wird, ist 1954 geboren. Jetzt stehen 30 PS zur Verfügung, auch für den Standard. Sechs Jahre lang müssen sie genügen. 1956 kommt der serienmäßige Außenspiegel, wirksamere Bremsen und 1959 der Drehstabstabilisator an der Vorderachse sind technische Weiterentwicklungen beim Export. 1957 überrascht das Werk mit dem wesentlich vergrößerten Heckfenster und einer neuen Armaturentafel. Und auf Wunsch gibt es – die Zeiten sind eben besser geworden – ein Faltschiebedach.

1960 ist der Käfer bei seinen für so lange Zeit typischen 34 PS angekommen, der Vergaser erhält eine automatische Startvorrichtung, und das Getriebe ist jetzt voll synchronisiert. Das gilt allerdings nur für den Export und das Cabrio, der Standard muss noch bis 1964 mit den 30 PS leben. Auch die Schneckenrollenlenkung,

im Export ab 1961 Serie, muss noch warten bis 1965. Kleinere Dinge wie der zum zweiten Mal veränderte Kraftstofftank (mehr Kofferraum, vorn jetzt 260 Liter), Kraftstoffuhr statt Reservehahn, Scheibenwaschanlage und Lenkradschloss als Einheit mit dem Zündschloss begleiten den Export in die nächsten Jahre.

Wer Standard fahren muss, freut sich über die hydraulischen Bremsen ab 1962 und eine freundlichere Innenausstattung ab 1963. Äußerlich besonders auffällig ist die Einführng von Blinkern. Seit 1960 thronen die kleinen Chromhäuschen auf den vorderen Kotflügeln. Die altertümlichen Winker in der B-Säule haben ausgedient. Die hinteren Blinklichter sind erst einmal noch in Einkammerleuchten integriert, ein Jahr später folgt die Mehrkammerleuchte. Wer genau hinschaut, erkennt das ab 1964 erneut vergrößerte Heckfenster und die größeren Seitenscheiben. Die Frontscheibe ist nun leicht gewölbt. Das nächste große Produktionsjubiläum kommt im August 1961: fünf Millionen. Und schon vier Jahre später ist auch dieser Wert verdoppelt.

Große Heckscheibe, Mehrkammer-Heckleuchten und frische Farben – Käferfortschritt 1961.

Käfer 1965 – 1980

Als VW 1300 geht der Käfer in seine zweite Lebenshälfte in Europa. Der vergrößerte Hubraum ermöglicht 40 PS, also sechs PS mehr. Sie machen das Auto bei niedrigen Drehzahlen im dritten und vierten Gang kraftvoller. Das ist offenbar auch nötig, denn allmählich wird es zum Problem, mit dem Käfer Lastwagen zügig zu überholen. 120 km/h Höchstgeschwindigkeit bleiben das Käfer-Maß und fallen noch nicht negativ auf im Vergleich zur Konkurrenz.

Deutliche Abhilfe schafft die Doppelgelenkhinterachse von 1968, zunächst nur gekoppelt mit der ebenfalls neuen halbautomatischen, kupplungsfreien Schaltung. Automatik ist Neuland für den Käfer, vermutlich verwirklicht mit Blick auf den US-amerikanischen Markt. Neu sind auch die vorderen Scheibenbremsen für die beiden Automatikversionen und den VW 1500 in Handschaltung. Schritt für Schritt rüstet das Werk auch Selbstverständlichkeiten nach, etwa die 12-Volt-Elektrik 1967. Ein neues äußeres Erkennungsmerkmal gibt es auch mal wieder: Ab 1967 stehen die Frontscheinwerfer senkrecht. Aber die Kritik am Käfer wird lauter, hoher Verbrauch namentlich der Automatikversionen und ungüns-

Unverändert bescheiden im Auftritt ist der Volkswagen Standard 1963.

Schon bald prangt wieder eine neue Hubraumzahl auf der Motorhaube: Der VW 1500 soll den Käfer aufwerten und die Spitze des Programms bilden. Eine breitere Hinterradspur verbessert die Straßenlage – die hat sich zuletzt mehr und mehr zum Manko entwickelt. Hecklastigkeit, Übersteuern und Windempfindlichkeit werden dem VW nicht mehr so leicht verziehen wie noch vor zehn oder fünf Jahren.

tige Einstufung des VW 1500 bei den Versicherungen kratzen am guten Ruf. Noch aber bleibt die Kundschaft treu, die Stückzahlen schwanken nur wenig auf dem hohen Niveau von rund einer Million im Jahr.

Aus dem Standard-Käfer wird 1965 der 1200 A und zwei Jahre später der 1300 A. Das A steht für einfache Ausstattung. Die erste Wirtschaftskrise der Bundesrepublik lässt aber schon bald

TECHNISCHE DATEN	VW 1500
Bauart	Limousine
Bauzeit	1965 – 1970
Motor	Vierzylinder-Boxer
Hubraum	1493 ccm
Leistung	44 PS
Getriebe	Viergang-Handschalter
Antrieb	Hinterräder
Gewicht	820 kg
V_{max}	128 km/h

Chrom hilft: Dieser Export ist ebenfalls ein 63er.

Die Werbefotos ändern sich manchmal nur in Details: Der VW 1300 von 1965 hat bereits das Stahlschiebedach, und die Mode der Protagonisten ist lockerer und sportlicher geworden.

den gerade abgeschafften VW 1200 wieder auferstehen. Er soll als „Sparkäfer" zur Anschaffung eines Neuwagens motivieren und wird zum Symbol für magere Zeiten. Mit 4525 Mark ist er um 775 Mark günstiger als der 1300er.

Eine hilfreiche Rolle für die Umsetzung von Weiterentwicklungen spielen zu dieser Zeit die USA. Neue Sicherheitsvorschriften bringen das Volkswagenwerk dazu, ein Zweikreisbremssystem und eine Lenksäule mit verformbarem Zwischenstück einzuführen. Unfallfolgen durch die starre Lenksäule sind bis dahin ein ständiges Ärgerthema für Volkswagen, weil die Fachmedien immer wieder darauf hinweisen. *(Fortsetzung Seite 54)*

Rechts: Das Nötigste an Bord: Der VW 1200 soll 1965 zum Autokauf trotz Wirtschaftskrise locken.

FRIDOLIN

Das Käfer-Fahrgestell ist für alles Mögliche verwendbar – auch für ein kleines Nutzfahrzeug und einen Mini-Camper. 1965 überrascht der Fridolin mit seinem Konzept. Seinen Spitznamen verdankt er der Legende nach einem Mitarbeiter der Firma Westfalia, wo das Auto entstand. Er soll gesagt haben, das Fahrzeug sehe eben aus wie ein Fridolin, mutmaßlich gemeint war eine Draisine mit VW-Motor. Offiziell hieß er Typ 147. Es ist ein klug durchkonstruierter kleiner Kastenwagen mit vielen Elementen von Käfer, Karmann, Transporter und Typ 3. 420 Kilogramm kann er laden, dafür stellt er 2,3 Kubikmeter Raum bereit, bei Wegfall des Beifahrersitzes sogar 2,9 Kubikmeter. Besonders praktisch sind die Schiebetüren für Fahrer und Beifahrer. Der Fridolin ist gezielt zugeschnitten auf die Bedürfnisse der Deutschen Bundespost, die auch – zusammen mit der Post der Schweiz – die meisten Exemplare ordert. Eingesetzt wird er zur Briefkastenleerung und zur Briefzustellung. Später, als der Fridolin gebraucht und abgenutzt zu bekommen ist, greifen auch Privatleute zu und machten sich Miniwohnmobile daraus. Westfalia in Wiedenbrück baut bis 1974 insgesamt 6125 Fridolins.

Der Fridolin: Die Post will ihn und viele private Nutzer nach ihr auch.

VW 181   1969 – 1979

Allradantrieb hat er nicht, eine Art Geländewagen ist er aber trotzdem. Das passt durchaus zusammen im Jahr 1969, als der VW 181 erscheint. Der Volkswagen mit Heckmotor und Heckantrieb bringt unterhalb der Schwelle Allradantrieb gute Fahreigenschaften im leichten Gelände mit. Allradautos gibt es zu dieser Zeit im zivilen Sektor nur ganz wenige, die zudem größer sind als der VW 181. Der hat nun zweierlei bewirkt. Für den militärischen Bedarf genügt der im Gelände dank Heckmotor effektive Heckantrieb völlig, denn die Bundeswehr braucht lediglich ein Kurierfahrzeug und der Bundesgrenzschutz ein Patrouillenauto; die Abnehmer sind zufrieden damit.

Der zweite Effekt: Es gibt auch private Nutzer, für die ein Landrover zu teuer und zu hochgerüstet ist. Sie entdecken in dem VW 181 ein geeignetes und erschwingliches Fahrzeug. Und so schafft dieser Volkswagen etwas ganz Besonderes: Er setzt den einfachen Geländewagen im zivilen Umfeld – privat oder professionell genutzt – durch. Gut vier Fünftel der zuerst in Wolfsburg und Emden und dann in Mexiko gebauten VW 181 gehen an zivile Nutzer.

Technisch steht der 181 natürlich in der Tradition des Kübelwagens. Immer an die aktuelle Käfer-Technik angepasst, hat er anfangs für kurze Zeit den Motor des VW 1500, schon bald den 1,6-Liter aus dem 1302, hier aber mit 48 statt mit 50 PS. Das Fahrwerk entspricht dem des 1300ers bis 1973. In der letzten Stufe ab 1973 hat er dann die Schräg-

Das erste Freizeitauto von VW, lange bevor es Mode wurde: Der VW 181 lässt sich auch zivil nutzen.

Einfach und zweckmäßig gestaltet – und der einzige Käfer ab Werk mit vier Türen – ist der VW 181, genannt Kübelwagen.

lenker-Hinterachse. Das Getriebe ist im dritten und vierten Gang minimal anders abgestuft als beim Käfer. Außerdem reduziert ein Vorgelegegetriebe die Übersetzung. 20,5 cm Bodenfreiheit – 5,5 cm mehr als der Käfer – reichen für Stock und Stein durchaus, auch die Wattiefe von 69,5 cm lässt sich sehen.

Einfach in der Gestaltung und kernig im Auftritt – das Design des 181 ist ebenso zweckbetont wie unverwechselbar. Die klare Kante gibt den Ton an. Die eckige, leicht abfallende Kofferraumhaube, die vorderen Kotflügel in klarer Winkelform, die glatten Seitenwände mit herausnehmbaren Türen und die plane, klappbare Frontscheibe ergeben ein imposantes Bild. Und tatsächlich – dieser VW ist der einzige Käfer ab Werk mit vier Türen! Das Verdeck ist von der einfachen Art und wird per Hand gefaltet.

Einen Nachfolger hat der 181 nach zehnjähriger Produktionszeit nicht erhalten, denn der Iltis spielt in einer anderen Klasse und findet nur wenige private Käufer. Volkswagen hat zwar die Marktnische der rustikalen Freizeitautos eröffnet (vielleicht eher zufällig), sie dann aber zunächst wieder leer gelassen. Ab 1972 wird der Wagen auch in Mexiko, ab 1977 nur noch dort gebaut, rund 140.000 Einheiten sind es am Schluss.

Mehr Platz unter der Kofferraumhaube: Der VW 1302 (links) von 1970 macht einen kleinen Unterschied zum VW 1300.

Vieles ist neu beim 1302 im Jahr 1971: Vorderachse, Kofferraumgröße, Zwangsentlüftung in der C-Säule, mehr Lüftungsschlitze über dem Motor und etwas größere Heckscheibe.

Auch der VW 1300 erfährt 1970 eine Leistungssteigerung von vier PS. So bleibt er in Produktion bis 1972, verliert aber bei der letzten großen Neuordnung des Käferprogramms seine Stellung als „goldene Mitte" zwischen Sparkäfer 1200 und Superkäfer 1500. Den Maßstab setzen ab 1970 VW 1302 und VW 1302 S. Der 1302 ist ein aufgewerteter 1300 und der 1302 S der Nachfolger des VW 1500. Die minimale Vergrößerung des Radstands um 20 Millimeter ist an sich nicht von Bedeutung, würde es sich nicht um die erste Radstandsveränderung beim Käfer überhaupt handeln. Viel wichtiger sind die neue Vorderachse (McPherson-Federbeine) und die stark gewölbte Fronthaube. Beides vergrößert den Kofferraum. Nun hat der VW-Nutzer 680 Liter zur Verfügung, 400 davon vorn. Das ist gar nicht so viel weniger als bei anderen Autos, der Raum teilt sich aber auf zwei Abteile auf, von denen das vordere immer noch stark zerklüftet ist. Seit 1967 ist die umständliche und oft nicht „pannenfreie" Betankung im Kofferraum entfallen dank des seitlichen Tankeinfüllstutzens.

Im VW 1302 S arbeitet jetzt der auf 1600 ccm Hubraum aufgebohrte Motor aus dem 1500. Zum selben Zeitpunkt erhält auch der einfache 1300 die Doppelgelenk-Hinterachse. In diese Zeit fällt eine weitere magische Zahl: Mit dem Käfer Nummer 15.007.034 ist der Produktionsrekord des Ford Tin Lizzy gebrochen.

„Überkäfer" 1303 sowie 1303 S mit deutlich gewölbter Frontscheibe und großen Heckleuchten („Elefantenfüße") ab 1972. Preise, Verbrauch und zum Start von 1302 und 1302 S auch die Zuverlässigkeit des Motors überzeugen aber nicht mehr. Als zwei Jahre später der Golf auf der Bildfläche erscheint und das Kommando übernimmt, werden die Modelle 1300 und 1303 S gestrichen, außer dem 1200 bleibt nur der 1303 mit 44 PS im Programm.

Eine Änderung gibt es aber doch noch: Die vorderen Blinklichter wandern in die Stoßfänger. Ein Jahr später fällt für den deutschen Markt der 1303 weg, 1977 auch für den Export. Schon zum 1. Juli 1974 ist der Käfer aus dem Werk Wolfsburg vertrieben und nach Emden umgesiedelt worden. Der letzte in einem deutschen VW-Werk gebaute wird dort am 19. Januar 1978 verabschiedet, Käfer gibt es von da an und noch bis 2003 nur noch aus Brasilien und – bis zum Schluss – aus Mexiko. Die Zahl der Fertigung in Wolfsburg und Emden: 16.255.500 Einheiten. Allein das bei Karmann gebaute 1303 Cabrio lebt länger, erfreut sich am Schluss sogar wieder wachsender Beliebtheit und hält bis 1980 durch.

Das Cabrio ist überhaupt eine Perle in der Käfer-Geschichte. 1951 kommt bereits das erste, zunächst wohl mehr für Exportmärkte gedacht. Stets wird es auf dem aktuellen technischen Stand gehalten, insgesamt werden es je nach Zählweise fünf bis

TECHNISCHE DATEN	VW 1303
Bauart	Limousine
Bauzeit	1972 – 1975
Motor	Vierzylinder-Boxer
Hubraum	1285 ccm
Leistung	44 PS
Getriebe	Viergang-Handschalter
Antrieb	Hinterräder
Gewicht	870 kg
V_{max}	125 km/h

Es ist bemerkenswert: Der vom Konzept völlig veraltete VW Käfer, noch einmal verkaufsfördernd aufgepäppelt, ist weltweit das meistverkaufte Auto aus deutscher Produktion. Dieser Erfolg gibt dem Werk recht, zumal es noch einen Pfeil im Köcher hat: Die

sechs Generationen. Auch als Cabriolets ab Werk in Großserie anderswo verschwunden sind wie in den 1960er und 1970er Jahren, hat Volkswagen es angeboten, eine Wiederbelebung wie bei anderen Herstellern war also nicht nötig.

VW hält durch: Auch als Cabrios wenig gefragt sind, gibt es den offenen Käfer, hier als 1303.

Der Cabrio-Klassiker: Trotz des Verdeckgebirges am Heck verliert der offene Käfer praktisch nie seinen Reiz.

Außer dem Cabrio machen in der Golf-Ära ab 1975 VW 1200 und VW 1200 L weiter. 34 PS oder 50 PS stehen zur Verfügung. Ab 1978 müssen Käfer-Freunde in Europa – ein Oldtimer frisch vom Band hat seine besondere Faszination – auf den Mexiko-Käfer zurückgreifen, bis zum 1. Januar 1986 der Import eingestellt wird. In Mexiko gibt es ihn noch bis zum 30. Juli 2003. Zuletzt hat er einen 1,6-Liter-Motor mit Benzineinspritzung, der 50 PS leistet. Er geht auf den 1302 S von 1970 zurück. In Brasilien hält der Käfer, dort Fusca (portugiesisch Kugel/Käfer) genannt, bis 1996 durch. Bei ihm bringt es der 1,6-Liter-Motor (45 PS) nur bis zum Vergaser. Typisch für dieses Auto: Er ist eigentlich schon vom Markt genommen, als ungebrochene Nachfrage ihn 1993 für drei Jahre zurückholt.

Unter dem Strich sind es dann 21.529.464 Käfer geworden. Eine lange und im Wortsinn einmalige Auto-Karriere ist zu Ende gegangen.

Käferfamilie im Modeschmuck: Als Sonderedition Jeans gab es VW 1300 und 1303.

VW 1200 aus dem Jahre 1975. Auch er hat jetzt die Kasten-Stoßfänger und die großen Heckleuchten mit dem Spitznamen Elefantenfüße. Produziert wird er bereits im Werk Emden.

TECHNISCHE DATEN	VW Käfer Última Edición
Bauart	Limousine
Bauzeit	2003
Motor	Vierzylinder-Boxer
Hubraum	1584 ccm
Leistung	46 PS
Getriebe	Viergang-Handschalter
Antrieb	Hinterräder
Gewicht	820 kg
V_{max}	124 km/h

BUGGY   1971 – 1977

Der US-amerikanische Markt hat immer wieder für Rückkopplungen auf das Geschehen in Deutschland und Europa gesorgt, sehr oft auch bei den Automobilen. Lebensweise und Experimentierfreude der Amerikaner entfachen eine Begeisterung für den Käfer abseits aller Vernunftargumente. Sie lassen die Idee reifen und nach Europa überschwappen, Rennwagen mit Käfer-Technik einzusetzen (die eine Zeit lang sehr beliebte Formel V als Einsteigerklasse im Motorsport) und sie machen sich den Spaß, den robusten Käfer in ein Strandauto zu verwandeln.

Diese Idee ist zwar auch unter der Sonne Italiens und Spaniens gereift, dort steht aber mit dem Fiat 600 eine nicht ganz so gut geeignete Basis zur Verfügung. Schnell zeigt sich, dass der Volkswagen das ideale Strandauto

Spaß am Strand: Unter den vielen VW-Buggies fällt der „halboffizielle" GF besonders auf.

hergibt wegen der guten Belastung der angetriebenen Hinterachse, der großen Räder und der Bodenfreiheit, die das Fahren im Sand erleichtern. Das Fahrgestell ist groß genug, in der wannenartigen, offenen Karosserie vier Personen Platz zu bieten – der spektakuläre Auftritt des ursprünglich Dune-Buggy genannten US-VW ist garantiert. Die Karosserien gibt es als Bausatz, wer ein originales oder – besser noch – verkürztes Fahrgestell nimmt, bastelt sich sein Spaßauto für sehr überschaubares Geld selbst zusammen.

Die Kunde davon gelangt Ende der 1960er Jahre nach Deutschland. Erste Importeure der US-Buggies holen Bausätze herüber, andere machen sich selbst ans Werk. Die bekannteste Initiative bekommt sogar halboffiziellen Anstrich. Der GF-Buggy ist eine Idee der Redaktion der VW-Hauszeitschrift „Gute Fahrt", Herstellung und Vertrieb liegen bei Karmann, dem offiziellen Produktionspartner von VW.

Der GF-Buggy orientiert sich klar am US-Vorbild – prototypisch ist der Meyers-Manx-Buggy –, die Karosserie besteht aus glasfaserverstärktem Kunststoff. Der Frontscheibenrahmen übernimmt Überrollbügel-Funktion. Türen, Seitenscheiben und Verdeck sind überflüssig. Der Buggy wird betreten, einfach durch Übersteigen der niedrigen, nach hinten ansteigenden Seitenwand. Vorn geben zwei Schalensitze Halt, hinten auf der schmalen Sitzbank ist wenig Platz. Ein wenig eng ist es schon, für lange Strecken ist ein Buggy aber ohnehin nicht gedacht. Deshalb vermisst auch niemand einen Kofferraum.

Natürlich gibt es kaum etwas an der robusten VW-Technik zu ändern, auch die Getriebeübersetzungen entsprechen der Großserie. Grundlage ist ein verkürzter Plattformrahmen mit 2127 mm Radstand. Außerdem werden dicke Hinterräder auf verbreiterten Felgen montiert. Bei Karmann bekommt der Buggy zuerst den Motor aus dem VW 1500, ab 1973 dann den des VW 1300. Wer einen Bausatz realisiert, kann auch auf den Motor mit 1200 ccm oder 1600 ccm Hubraum zurückgreifen. 180 Kg leichter ist der Buggy als der Organspender mit geschlossenem Aufbau – der Buggy wiegt 640 kg statt 820 kg (VW 1300).

3000 DM kostet der Bausatz, rund 9000 DM der komplette GF-Buggy. In sechs Jahren entscheiden sich auf dem deutschen Markt rund 1200 Käufer für einen GF-Buggy. Beliebt ist auch der aus den USA stammende EMPI Imp, der 600 Liebhaber findet. Weitere Hersteller sind auf diesem Feld aktiv, zum Teil sogar wesentlich länger als Karmann. HAZ Buggy, Serengeti, Deserter GT oder aus Belgien der Apal Buggy mischen in den frühen 1970er Jahren mit – bei zum Teil nur kleinen Stückzahlen (vielleicht ist es in einigen Fällen auch nur bei der bloßen Ankündigung geblieben).

Noch in den späten 80ern sind dabei Automobile Saier, TWA Sonderfahrzeuge, Buggy-Center Hamburg oder Buggy Center Siegel. Immer noch wird da das (gebrauchte) VW-Fahrgestell verwendet, die Motorenauswahl schließt da aber längst schon den Golf mit ein. Das klingt abenteuerlich, hat aber den Segen des TÜV. Erst immer schärfer werdende Vorschriften in Sachen passiver Sicherheit beenden die Laufbahn des Buggy zum Selbstbauen oder aus Kleinserien – der konstruktive Aufwand wird einfach zu groß.

Das Original aus den USA war der Empi-Buggy auf verkürztem Käfer-Fahrgestell.

Sieht schneller aus als er fährt: Apal-Buggy aus Belgien.

Transporter

Nicht nur Transporter – das gehört von Anfang an zum Konzept des Volkswagen Typ 2, links im Bild der einfache Kleinbus.

DER FAMILIENTRANSPORTER

Der Typ 2 folgt dem Typ 1 dicht auf den Fersen. Schon 1950 geht der Transporter mit dem technischen Grundprinzip des Käfers in Serie – und beginnt eine beispiellose Laufbahn. Der Bedarf an Transportern unter Lastwagengröße ist riesig im Nachkriegsdeutschland. Da kommt ein simpler, genügsamer und geräumiger Kasten gerade recht. Was zu diesem Zeitpunkt in Wolfsburg wohl noch niemand ahnt: Der Bulli wird auch als großer Pkw, als Frei-

zeitmobil, kurz: als unfassbar variabel gleich mehrere Fahrzeugkategorien prototypisch begründen.

Zwar gibt es den Kombi – das ist dann der Kastenwagen mit Seitenfenstern und zwei einfachen Sitzbänken – von Anfang an, und auch der berühmte Sambabus (an Safarifahrten soll die Dachrandverglasung erinnern) kommt schon 1951 hinzu. Gedacht sind aber auch diese Varianten eher für den kommerziellen Sektor, etwa

TECHNISCHE DATEN	T1 Sambabus
Bauart	Kleinbus
Bauzeit	1950 – 1959
Motor	Vierzylinder-Boxer
Hubraum	1131 ccm (ab 1954 1192 ccm)
Leistung	25 PS (30 PS)
Getriebe	Viergang-Handschalter
Antrieb	Hinterräder
Gewicht	1110 kg (ab 1954 1160 kg)
V_{max}	85 km/h (90 km/h)

um Handwerker zum Einsatzort oder Hotelgäste zum Bahnhof zu bringen.

Ein erster Hinweis auf eine weitere große Karriere des Busses wird da eher am Rande wahrgenommen: Westfalia stellt den allerersten Bus mit Campingausstattung vor. Auf das Publikum wirkt er 1951 wie ein nie erreichbares Traumhaus.

Der Typ 2 ist die erste Modellschöpfung von Volkswagen nach 1945. Bis heute sind mehr als zwölf Millionen Einheiten in sechs Generationen produziert. In 17-jähriger Bauzeit bis 1967 legt die erste vom Start weg den Grundstein für den Erfolg. Der Kundenkreis wächst unaufhaltsam, weil der Nutzwert der praktischen Box schnell erkannt ist. Zuerst vor allem in den USA, wo Familien den sparsamen geräumigen Kombi für sich entdecken, erst viel langsamer im Heimatland, wird der Bulli auch ein Privatwagen. In den 60ern träumen junge Leute davon, mit dem VW-Bus um die Welt oder wenigstens bis Indien, ersatzweise durch die Sahara zu fahren. Und viele tun es auch. VW-Bus wird fast so etwas wie ein Gattungsname und das Auto wird weltweit ein Erfolg.

56 Anos Kombi – Last Edition: **Zum Ende der Produktion des T2c in Brasilien 2013 gibt es noch einmal eine schicke und auf 1200 Stück limitierte Sonderserie.**

Konkurrenten für Transporter und Bus gibt es natürlich von Anfang an, ihre Ausstrahlung ist aber weit mehr vom Nutzfahrzeugimage geprägt als beim VW. Der VW-Bus wird vor allem dank seiner Fahreigenschaften immer auch als eine Art Pkw akzeptiert. Außerdem färbt der gute Ruf des Käfers auf den Bus ab.

Dabei ist die Diskussion, ob der VW ein wirklich praktischer Transporter sei, fast so alt wie das Fahrzeug selbst. Immer wieder weist die Konkurrenz darauf hin, wie unkompliziert eine große Hecktür zum Beladen ist, wenn dort kein Motor im Weg steht. Das Gegenargument der VW-Verkäufer lieferten oft fragwürdige Fahreigenschaften der kopflastigen Fronttriebler. Tatsächlich hat der VW-Transporter seine Nutzfläche – ob für Fracht oder für Passagiere – exakt zwischen den Achsen, eine gewisse Hecklastigkeit bei Leerfahrten soll das Gewicht des über der Vorderachse thronenden Fahrers ausgleichen.

Das Thema steht bei VW nicht zur Diskussion. Generaldirektor Heinrich Nordhoff am 12. November 1949: „Wir haben die Heckmotoranordnung nicht deshalb gewählt, weil wir uns dazu moralisch verpflichtet hielten. Wir hätten unbedenklich den Motor nach vorne geholt, wenn das die bessere Lösung ergeben hätte. Wir sind da nicht technisch-weltanschaulich gebunden. Aber die berühmte cab-over-engine-Anordnung gibt bei leerem Wagen so schauerliche Lastverteilungs-Verhältnisse, daß das gar nicht in Frage kam. Sie können es an den Chausseebäumen der gesamten britischen Zone ablesen, wie sich die Lastwagen der englischen Armee bei nasser Straße verhalten, wenn sie unbeladen sind."

Der Anfang des VW-Transporters ist Legende und doch verbrieft: die berühmte Skizze von Ben Pon, dem niederländischen VW-Importeur, die er 1948 in Wolfsburg zu Papier bringt, stellt eine feine Gründungsurkunde dar. Was dann bereits gut ein Jahr später der Öffentlichkeit präsentiert wird, ist das Ergebnis intensiver und schnell umgesetzter Entwicklungsarbeit.

Die Idee, das Fahrgestell des Käfers zu verwenden, wird aufgegeben: Es trüge das Gewicht des Aufbaus nicht. So entsteht ein mittragender, mit dem Fahrgestell fest verbundener Aufbau. Der Motor – die vom Käfer bekannten 25 PS müssen genügen – wirkt ungewöhnlich klein an seinem Platz. Tatsächlich gibt das senkrecht stehende Reserverad das Maß für die Höhe des Motorraums vor. In einer Zeit, da manche Transporter und Kleinbusse mit hinten angeschlagenen Türen sehr bequemen Zustieg auf die vordere Sitzbank anbieten,

versieht VW als kleinen Ausgleich Fahrer- und Beifahrertür mit sehr großem Öffnungswinkel. Für den Pkw- und Freizeitmarkt wird sich das Heckmotorprinzip des VW-Transporters nicht als Nachteil erweisen, für Gepäck bleibt auch über dem Motor noch genügend Raum.

T1   1950 – 1967

Den Anfang machen Kastenwagen, Kombi und Kleinbus. 1952 folgt die Pritschenausführung. Noch wenig beachtet, startet 1951 das schon erwähnte allererste Wohnmobil in eine (ferne) goldene Zukunft. Die „Camping-Box" von Westfalia sieht ein großes, auch als Sitzgelegenheit nutzbares Bett für drei Erwachsene vor – Kinder kommen auf die vordere Sitzbank. Ein Regal im hinteren der seitlichen Türflügel birgt unter anderem eine Waschschüssel. Ein Jahr später liefert Westfalia das passende Vorzelt und ein hochklappbares Dach. Alle weiteren Feinheiten des Campingbusses sind noch Zukunftsmusik. Ebenfalls 1951 feiert der Samba-Bus mit Dachrandverglasung (insgesamt 23 Fenster) und ein wenig Luxus Premiere.

Ob einfach (vorn) oder Sambabus – der VW-Transporter in privater Nutzung bleibt erst einmal Luxus.

Mit dem nun 30 PS starken Motor des Käfers erhalten die Modelle 1954 eine bessere Ausstattung und eine Heckstoßstange. 1960 ist es Zeit für Hochdach – interessant auch für Campingfreunde – und Doppelkabine. Blinklichter ersetzen die Winker. Ab 1962 hat der Käfermotor 34 PS, dazu kommt 1963 der flach bau-

ende Motor aus dem VW 1500 mit 42 PS, der den Käfermotor im Bus ab 1965 ganz ersetzt. Schon 1963 wird die Heckpartie der geschlossenen Ausführungen erneut geändert, das große Fenster und neue Blinkleuchten lassen den VW großzügiger erscheinen, ein Vorgriff auf die nächste Generation ab 1967. Von der ersten Generation werden rund 1,7 Millionen Stück gebaut. Verschwunden aus der Produktion ist er danach aber noch lange nicht. In Brasilien läuft er von 1956 bis mindestens 1975 (danach in einer Art T1/T2 Mischform) vom Band.

Links: Mitte der 1950er Jahre ist das für die meisten ein ferner Traum: VW-Bus mit Campingeinrichtung.

Unten: In den 1960er Jahren sind Campingbusse immer häufiger zu sehen – hier die letzte Stufe des T1, vorn und hinten modernisiert.

T2

So modern kann ein VW-Transporter aussehen: Die neue Front mit durchgehender gewölbter Windschutzscheibe, der insgesamt um 200 Millimeter längere Aufbau und – endlich – die Schiebetür helfen Rückstand gegenüber der Konkurrenz, vor allem in Gestalt des neuen Ford Transit, aufzuholen. Auch den T2 gibt es in Campingausführungen. Die neue Doppelgelenk-Hinterachse verbessert die Straßenlage spürbar. Unter ständiger Weiterentwicklung geht der T2 seinen Weg, Wohnmobile werden immer populärer, der Bus bewährt sich nun als Familien- und Gruppenauto.

Die Modelle ab 1972 sind an den hochgesetzten vorderen Blinkleuchten zu erkennen, die Motorleistung steigt auf bis zu 70 PS, und der VW-Transporter boomt trotz der bauartbedingten Nachteile.

Einen Diesel vermissen die privaten Nutzer im Fahrbetrieb gar nicht, wohl aber an der Tankstellen-Kasse. Wer es nicht lassen kann, den VW-Bus wie einen Pkw zu fahren, muss beim Tanken bluten und gefährdet außerdem die Haltbarkeit des Motors.

Der T2 bringt es auf stolze drei Millionen Einheiten und lebt im Ausland noch länger. Als in Brasilien und Mexiko frisch vom Band gelaufener Oldtimer spielt er als beliebtes Taxi in Mittel- und Südamerika noch bis 2003 eine Rolle, ein paar aus Brasilien importierte Exemplare sorgen auch auf europäischen Straßen für

Platz wird überall gebraucht im Wohnmobil: Am T2 ließ sich das Reserverad ganz vorn unterbringen.

TECHNISCHE DATEN	T2
Bauart	Kleinbus
Bauzeit	1972 – 1979
Motor	Vierzylinder/Boxer
Hubraum	1584 ccm
Leistung	50 PS
Getriebe	Viergang-Handschalter
Antrieb	Hinterräder
Gewicht	1350 kg
V_{max}	110 km/h

500 Kilometer ins Urlaubsparadies gefahren, und die Familie will „Am laufenden Band" nicht verpassen. Unerhörter Luxus ist ein Westfalia-T2 mit Fernsehen.

Spitzname Silberfisch: Mit einer Art Fulldresser-Version in silbermetallic mit Extrachrom lässt VW den Bus in die letzte Runde gehen, bevor der T3 auf den Plan tritt.

Aufmerksamkeit. Hinter der Motorklappe hat sich allerdings viel verändert. Zuletzt hat er einen wassergekühlten Reihenvierzylinder, der Benzin und Ethanol verarbeiten kann.

T3   1979 – 1990

Bekanntlich hat der Erfolg des Golf ab 1974 den schlingernden VW-Konzern stabilisiert. Mit dem Golf kommt der Volkswagen-Diesel in den Pkw und 1981 auch in Bus und Transporter. Die Baureihe T3, erschienen 1979, geht in die Annalen von Volkswagen also als erster Diesel-Transporter dieser Größe ein. Bei den Benzinmotoren startet der T3 mit den luftgekühlten Varianten des Vorgängers. Der Systemwechsel zu den wassergekühlten Motoren folgt erst 1982. Die Boxermotoren leisten 60 und 78 PS und bauen noch flacher als die Vorgänger.

Die kantige Optik des Neuen kommt gut an, ebenso die Möglichkeit, auch mit einem VW-Bus mit Diesel spritsparend unterwegs sein zu können. Technischer Fortschritt der Zeit wie ABS und der Katalysator für die Benzinmotoren, aber auch der Allradantrieb ab Werk (1985) begleiten den T3 bis ins Jahr 1990. Bei der Allradversion Syncro wird die Vorderachse über Kardanwelle und Viscokupplung in den Kraftfluss eingebunden. Nicht zuletzt als Zugfahrzeug findet der Syncro Abnehmer.

TECHNISCHE DATEN	T3 Caravelle
Bauart	Van
Bauzeit	1987 – 1991
Motor	Vierzylinder/Reihe
Hubraum	2109 ccm
Leistung	70 PS
Getriebe	Fünfgang-Handschalter
Antrieb	Hinterräder
Gewicht	1450 kg
V_{max}	130 km/h

Oben: Prägnante Erscheinung: Der T3 aus der Anfangsphase mit netter grüner Zweifarbenlackierung und als heute hochbegehrter Limited Last Edition (LLE) aus den letzten Tagen der Baureihe.

Die kantige Form des T3 überzeugt mit ihrer Modernität – mehr Platz als der Vorgänger hat er auch.

Das Angebot der Freizeitautos wächst ohnehin rasant, den Bus gibt es ab 1981 als Kombi, als L und als die nur siebensitzige Luxusvariante „Caravelle". Wohnmobile auf VW-Basis füllen ganze Messestände mit Alkoven, austellbarem Dach und Hochdächern in verschiedener Form, der Freizeittransporter blüht voll auf. Rund zwei Millionen T3 sind bis zum Produktionsende 1990 auf die Straßen gekommen, als Syncro lebt er noch bis 1993 weiter, in kleiner Stückzahl bei Steyr gefertigt. In Südafrika gibt es den T3 noch bis 2002 als Neuwagen, genannt Microbus. Am Schluss ist er mit einem 133 PS starken Audi-Motor bestückt.

T4 1990 – 2003

Nun ist also auch der Transporter so weit: Gut 16 Jahre nach der (in Etappen vollzogenen) Abkehr vom Heck- zum Frontantrieb bei den Pkw folgt mit dem T4 der große Sprung im Jahre 1990. Damit hat der VW Transporter zwar seine fast schon nostalgische Sonderstellung verloren, ist aber nun ein technisch und in der Nutzbarkeit vollwertiger Wettbewerber auf dem Markt geworden.

Das gilt natürlich in erster Linie für die kommerzielle Nutzung, aber auch die Pkw-Varianten profitieren von der grundlegenden Neuheit. Die private Kundschaft will ihr Pkw-ähnliches Großraumfahrzeug behalten, Handel und Gewerbe geht es um Raum, Nutzlast und Nutzbarkeit, etwa um die ersehnte ungehinderte Beladung auch von hinten. Erstmals gibt es zwei Radstände, mit 2,8 Tonnen wird das Gesamtgewicht nach oben gesetzt und die neuen, aus den Pkw stammenden Motoren sind im Drehmoment an die höheren Lasten angepasst. Der T4 bekommt zunächst zwei Saugdiesel und zwei Benzinmotoren mit vier oder fünf Zylindern. 1996 ergänzt ein 102 PS starker TDI das Programm.

Zum Facelift Ende 1995 beginnt die optische Unterscheidung der Pkw-Varianten von den Nutzfahrzeugen. Die Kleinbusse Caravelle und Multivan – wie die Grundmodelle in zwei Radständen lieferbar – setzen sich über knapper geschnittene Frontscheinwerfer, geänderte Motorhaube und breitere Stoßfänger vom einfachen Bus und vom Transporter ab. Dabei ist eine Verlängerung des Vorderwagens um 82 Millimeter herausgekommen.

Im Haus auf Rädern zügig unterwegs: Das Kürzel TDI steht seit Golf-III-Zeiten für Leistung und Sparsamkeit.

Der T4 in seinem Erscheinungsbild als rundlicher Kurzhauber behauptet seinen Platz. 1991 werden 167.000 Transporter produziert, 30.000 mehr als 1989, dem letzten vollen Jahr des T3. Ab 1993 kommt die Baureihe auch aus dem neuen Werk Poznan in Polen. Gebaut werden insgesamt rund 3,3 Millionen Exemplare.

T5   2003 – 2015

13 Jahre lang hält der T4 Stellung – in Deutschland mit rund 50 Prozent Anteil auf dem Transportermarkt – dann erst ist der Nachfolger fällig. Zu den zwei Radständen kommen beim T5, eingeführt im Frühjahr 2003, nun drei Dachhöhen. Die Gesamtgewichte liegen zwischen 2,6 und 3,2 Tonnen, die Fünf- und Sechszylindermotoren sind mit einem Sechsganggetriebe statt des üblichen Fünfganggetriebes gekoppelt. Auf die private Kundschaft zielt eine neue Topmotorisierung, ein 230 PS starker V6-Benziner. Die Optik des T5 ist kantiger und kräftiger, wobei die dunkel abgesetzten Stoßfänger bis zu Scheinwerfern und Kühlergrill reichen. Beim Multivan – jetzt das einzige Pkw-Modell in verschiedenen Ausstattungen – ist diese Fläche in Wagenfarbe lackiert. Gelobt werden neben den Motoren die guten Fahreigenschaften. McPherson-Federbeine vorn und eine spezielle Schräglenkerhinterachse sind der Grund. Elektronische Assistenzsysteme im Fahrwerk sind immer mehr präsent, unter anderem ist auf Wunsch ESP erhältlich. Der T5 bringt es insgesamt auf rund zwei Millionen Fahrzeuge.

Kennzeichen schwarzgraues Plastik: Der T5 als Nutzfahrzeug muss ohne Lack auf dem Stoßfänger auskommen.

TECHNISCHE DATEN	T5 Multivan
Bauart	Van
Bauzeit	2003 – 2015
Motor	Vierzylinder/Reihe, V6, Fünfzylinder/Reihe (Diesel)
Hubraum	1984 ccm – 3189 ccm
Leistung	102 PS – 235 PS
Getriebe	Fünfgang-Handschalter, Sechsgang-Handschalter, Sechsgang-Automatik
Antrieb	Hinterräder, Allrad
Gewicht	2184 kg – 2483 kg
V_{max}	146 km/h – 206 km/h

T6   ab 2015

Der T6 ab 2015 setzt den Reigen fort. Vom Vorgänger – eigentlich handelt es sich um ein größeres Facelifting des T5 – unterscheiden ihn neben einer optischen Anpassung an das „Gesicht" der weiteren VW-Nutzfahrzeuge neue Motoren mit Leistungen zwischen 102 und 204 PS, davon ein direkt einspritzender Benziner. Die Einhaltung immer strengerer Abgaswerte und noch mehr elektronische Assistenzsysteme prägen den technischen Fortschritt, ebenso ein stark aufgewerteter Innenraum.

Das Umfeldbeobachtungssystem „Front Assist" (Serie im Multivan „Business") erkennt mittels Radar kritische Abstände zum Vordermann und hilft, den Anhalteweg zu verkürzen. Bei der automatischen Distanzregelung (ACC) misst ein Sensor die Entfernung und die Relativgeschwindigkeit zum vorausfahrenden Fahrzeug. In Verbindung mit dem Direktganggetriebe bremst ACC das Fahrzeug, etwa in Kolonnen oder in Stausituationen, auch bis zum völligen Stillstand.

Auf höchstem technischen Stand zeigt sich das Fahrwerk. Anders als bei den meisten McPherson-Achsen sind die Querlenker und der Stabilisator nicht unmittelbar mit der Karosserie verbunden, sondern an einem Hilfsrahmen angebracht, der seinerseits über schwingungsdämpfende Lager mit der Karosserie verschraubt ist. Das führt zu einer äußerst wirksamen und komfortsteigernden Schwingungsentkopplung. Individuell agiert die adaptive Fahrwerksregelung DCC. Mit ihr kann das Fahrzeug an drei persönlichen Gangarten angepasst werden: komfortabel, normal und sportlich.

Die Palette der Pkw-Transporter ist enorm weit gefächert: Standardmodell, Multivan und davon Highline als Luxusversion, das Reisemobil ab Werk heißt California. Die verstellbare Rücksitzbank und in gehobener Ausstattung eine dritte Sitzbank erhöhen die Funktionalität eines klug abgestimmten Multivan-Programms. Nicht ohne Grund ist er international weit verbreitet und auf dem deutschen Markt mit Abstand Marktführer. 2017 werden 37.410 VW-Transporter als Pkw neu zugelassen (22,4 Prozent des Segments), dazu kommen 1980 Wohnmobile (4,9 Prozent).

Oben: Das aktuelle Markengesicht von Volkswagen trägt der T6, hier als Multivan in der Ausstattung Comfortline.

Rot-Weiß Hannover: In Größe, Technik, Komfort und Sicherheit liegen Welten zwischen dem T1 und dem T6.

Macht hoch das Dach: Das Foto vereint vier Generationen Campingfreuden auf Bulli-Basis, vom T3 bis zum T6.

Typ 3 und Typ 4

Der große Volkswagen ist unauffällig und doch eigenständig in der Linienführung.

Alle Spekulationen haben ein Ende, die Spannung löst sich, aber die Debatten fangen erst richtig an: Auf der IAA im September 1961 ist der große Volkswagen endlich da. Was haben die Fachzeitschriften spekuliert über einen großen und modernen Bruder des Käfers, eigene Entwürfe veröffentlicht im Glauben zu wissen, was gut sein muss für VW. Dann erscheint im August 1961 das erste offizielle Pressefoto des Typ 3, der ersten Pkw-Neuentwicklung von VW. Leise Enttäuschung macht sich schnell breit angesichts des VW 1500. Natürlich ist er größer als der Käfer, zeigt sich auch in klaren, großzügigen Linien, wirkt aber nicht wirklich modern. Das passt zum konservativen (und erfolgreichen) Grundsatz in der Nordhoff-Ära und stört daher weniger die Stammkundschaft als die Kritiker, die schon länger eine Abkehr von der Käfer-Technik fordern. Das Werk setzt dagegen auf Zweckmäßigkeit und Gediegenheit.

Der luftgekühlte Heckmotor bleibt, erlaubt aber dank seiner ungewöhnlich flachen Bauweise bessere Raumausnutzung. Der VW 1500 wird so zur Stufenhecklimousine. Zusätzlich reduziert sich das Kofferraumproblem, weil über dem flachen Boxer noch Raum ist für ein zweites Gepäckfach. Der Hauptvorteil dieser innovativen Idee schlägt sich aber im Kombi namens Variant nieder – dieser typische VW-Begriff feiert hier Premiere. Der Variant bietet bei umgeklappter Rückbank nicht nur eine zwar etwas hoch platzierte aber ebene Ladefläche, sondern eben auch noch das zusätzliche vordere Gepäckfach, das sonst kein Kombi hat.

Mit diesem ersten Variant ist Volkswagen tatsächlich etwas Epochales gelungen, das weit über die Stellung des „großen

Volkswagens" hinausgeht: Er hat den Kombi familientauglich gemacht. Vor allem auf Reisen und ganz speziell im Campingurlaub bewährt sich die Raumaufteilung. Dazu kommt auch der Effekt, dass unter den „Aufsteigern" vom Käfer sehr viele Familien sind.

Für die sind der VW 1500 und später der 1600 in erster Linie gedacht. Die Stammkunden haben nun einen Volkswagen mit mehr Platz nicht nur auf der Rückbank, besserer Sicht und ansonsten mit all dem, was sie schon am Käfer so geschätzt haben, nämlich seine Zuverlässigkeit, die gute Verarbeitung und die Servicequalität. Und diese Klientel verzeiht dem neuen VW auch den grundlegenden Nachteil, mit nur zwei Türen auskommen zu müssen – eine Folge der Übernahme des Käfer-Radstands von 2400 mm. Versuche mit hinteren Türen hat es sowohl in der frühen Entwicklung wie später beim VW 1500 S gegeben. Kostengründe sollen für den Stopp ausschlaggebend gewesen sein.

Der übernommene Käfer-Radstand lädt zum direkten Vergleich ein. Länger (155 mm), breiter (55 mm) und flacher (25 mm), so sind die Dimensionen verändert. Das ist an sich nicht viel, im Zusammenwirken mit den großen Scheiben und der klaren Gliederung der Flächen wirkt der große Volkswagen aber relativ großzügig, so dass man ihm den Käfer-Radstand auf den ersten Blick nicht zutraut. Dominiert wird das Erscheinungsbild allerdings von den rundlichen vorderen Kotflügeln und von der Wölbung in Kofferklappe und Wagenbug. Beides lässt den 1500 etwas pummelig auftreten. An diesem Punkt wird es im Laufe der Modellpflege zweimal Änderungen geben. Der Variant wirkt durch die zwei großen hinteren Seitenscheiben stämmiger. Bei ihm sind die Lufteinlässe unter den zweiten Seitenscheiben angebracht, während sie die Limousine unter der Heckscheibe hat.

Der Verzicht auf Fondtüren bedeutet immerhin Platz für breitere vordere, die bequemen Zugang zumindest zu den vorderen Sitzen gewähren. Der Einstieg nach hinten ist aber naturgemäß unbequem und passt nicht in die Fahrzeugklasse. Hinten fehlt es auch an Kopf- und Kniefreiheit. Die Instrumententafel mit drei gut ablesbaren Rundinstrumenten ist gleichzeitig modern und ganz im VW-Stil gehalten. Im Kofferraum lässt sich, wenn man die passenden Koffer hat, durchaus allerhand unterbringen, sperrig darf das Gepäck aber nicht sein. Der sprichwörtliche Kasten Sprudel passt weder vorn noch hinten hinein – 1961 allerdings zählt das noch nicht so sehr wie später, weil die Einkaufsgewohnheiten noch andere sind.

Dafür fehlt in Testberichten selten der Hinweis, dass man Butter besser nicht im hinteren Kofferraum transportieren sollte – wegen der Wärmeentwicklung. 385 Liter (200 davon hinten) stehen zur Verfügung in beiden Abteilen. Das ist im Blick auf die Konkurrenz ein unterer Wert, was die Teilung noch nicht einmal berücksichtigt. Der Variant steht bei diesem Kapitel natürlich glänzend da, 885 Liter einschließlich des vorderen Abteils.

Um den Boxermotor so flach halten zu können, muss das Kühlgebläse nach vorn verlegt werden – beim Käfer sitzt es über den Zylindern. Auch Lichtmaschine und Vergaser werden anders platziert. Das Boxerprinzip selbst, der gegenläufig aufeinander zu arbeitenden Zylinder, erleichtert die flache Bauweise. Getriebe und die Pendelsachse hinten stammen ebenso vom Käfer wie im Prinzip der Plattformrahmen mit Mittelträger. Änderungen erfährt die

**Doppelnutzen: Der erste VW Variant bietet zusätzlich zur
Ladefläche einen Kofferraum.**

Tiefgeschoss: Der sehr flach bauende Boxermotor schafft zusätzlichen Raum im Heck.

Vorderachse, indem die Achsaufnahmen weiter auseinander gezogen sind. Die Federstäbe der Torsionsfederung sind jetzt überkreuzt angebracht, reichen von einem Lenker zum anderen. Im oberen Tragrohr ist der Stabilisator untergebracht. Mit dem neuen Modell führt Volkswagen die Schneckenrollenlenkung ein, auch der Käfer Export erhält sie. Dass der VW 1500 überhaupt noch einen separaten Rahmen hat im Zeitalter der selbst tragenden Karosserien, wird dem Werk in der Fachwelt generell verübelt.

Zwei Modelle aus dem stark beachteten Premierenauftritt auf der IAA 1961 kommen zum Bedauern der Cabriofreunde nicht bis zur Serienreife. Sowohl die offene Version des VW 1500 wie auch die des neuen Karmann Ghia 1500 verschwinden sang- und klanglos wieder in der Versenkung. Vom offenen 1500 entstehen bei Karmann 16 Exemplare, insgesamt wohl 24. Auffällig ist die große Heckscheibe im Verdeck. Grund für den Stopp ist die Kalkulation der Kosten für die Produktion und für Versteifungsmaßnahmen am Chassis. Die Prospekte sind schon gedruckt – und heute

Er ist ein Traum geblieben: VW 1500 als Cabriolet. Dieses Vorserienexemplar wurde später restauriert.

eine Rarität. 1965 kommt überraschend doch noch eine dritte Karosserievariante ins Spiel, das Fließheck TL. Es soll die Käfer-Kund-
schaft ansprechen.

Die lange Laufzeit von zwölf Jahren, nach frühen Problemen
doch noch große Zuverlässigkeit und die Beliebtheit des Variant
machen die Baureihe des Typs 3 zum Erfolg. 2.584.904 Exemplare
sind es am Ende, davon knapp die Hälfte Variant.

VW 1500   1961 – 1965

Praktisch gleichzeitig zur Messe in Frankfurt Anfang September
geht der VW 1500 in Produktion. Der Variant folgt im Februar. Die
45 PS aus 1493 ccm bewegen den VW 1500 nach ersten Berichten relativ flott, zumindest im Vergleich zum Käfer. Allerdings gibt
es Probleme mit der Thermik. Die neue Motorkonstruktion wird

das Werk noch eine Weile beschäftigen, vor allem beim 1963 eingeführten 1500 S mit 54 PS.

Für Volkswagen völlig ungewohnt, häufen sich Motorschäden,
oft wegen Überhitzung oder infolge schlechter Kaltlaufeigenschaf-
ten. Unter anderen dokumentiert die Probleme der „Automobil-
report" der Zeitschrift *auto motor und sport* (sie setzt seinerzeit
erstmals im automobilen Bereich das Element der groß angelegten
repräsentativen Umfrage ein). 16 von 100 Lesern melden Motorschäden, 20 Kupplungsschäden. Das Thema der motorischen Probleme bleibt VW auch mit dem neuen 1500 S ab 1963 akut. Er hat
einen Doppelvergaser und 54 PS statt der bisherigen 45, wie sie
im 1500 N aktuell bleiben. Der 1500 S lässt sich deutlich flotter
fahren und erlaubt höhere Drehzahlen, verleitet aber auch zum
Überdrehen des Motors. Das wird ein ganz heißes Thema in der
Auseinandersetzung mit der Verbraucherzeitschrift *DM*, die dem
VW 1500 S nach einem selbst erlebten Motorschaden Unzuverläs-

Wer hat's erfunden? Die Kombiversion des VW 1500 – hier ein S – nennt sich Variant und wird ausdrücklich als Familienauto beworben.

TECHNISCHE DATEN	VW 1500 N
Bauart	Limousine Mittelklasse
Bauzeit	1963 – 1965
Motor	Vierzylinder-Boxer luftgekühlt
Hubraum	1493 ccm
Leistung	45 PS
Getriebe	Viergang-Handschalter
Antrieb	Hinterräder
Gewicht	880 kg
V_{max}	130 km/h

sigkeit attestiert, was jahrelange Prozesse nach sich zieht. Chromschmuck und breitere vordere Blinkleuchten sind die äußeren Erkennungszeichen des 1500 S.

Den neu installierten 1500 N gibt es nur in einfacher Ausstattung. Interessant und typisch für VW in dieser Epoche ist die Preisgestaltung. Die 6400 Mark, die bis dahin für die Limousine fällig waren, reichen jetzt für den auch innen stark aufgewerteten 1500 S, der 1500 N in einfacher Ausstattung kostet 410 Mark weniger. Der Preissprung zwischen Limousine und Variant beträgt 400 Mark. Ab 1664 gibt es eine weitere Möglichkeit, Geld zu sparen: Wer will, kann den 45 PS-Motor in einem 1500 S haben und spart 100 Mark. Vom Variant wird 1963 eine Lieferwagenversion mit verblechten hinteren Seitenscheiben – lieferbar mit und ohne Rückbank – vorgestellt. Ziel sind Exportmärkte, die für derartige Autos eine Steuervergünstigung vorsehen.

VW 1600   1965 – 1973

So recht zufrieden ist man in Wolfsburg anfangs nicht mit dem Absatz des Typ 3, und als Ursache wird die Stufenheck-Konfiguration vermutet. Deshalb folgt 1965 die „Tourenlimousine" TL, ein Fließheckauto. Gleichzeitig wird der Hubraum bei unveränderter Leistung um 100 ccm erhöht. Der TL soll mehr an den Käfer erinnern und so Käfer-Fahrern den Umstieg erleichtern. Wer nicht daran denkt und kein Freund der Marke ist, neigt gern zur Spöttelei: TL stehe für „Traurige Lösung". Das lang gezogene hintere

TECHNISCHE DATEN	VW 1600 TL
Bauart	Limousine Mittelklasse
Bauzeit	1965 – 1973
Motor	Vierzylinder-Boxer luftgekühlt
Hubraum	1584 ccm
Leistung	54 PS
Getriebe	Viergang-Handschalter, ab 1967 a.W. Automatik
Antrieb	Hinterräder
Gewicht	920 kg
Vmax	140 km/h

Seitenfenster, die wie ein gebeugter Rücken wirkende Heckpartie und die kleine Heckscheibe gefallen eben nicht jedem. Warum Volkswagen sich scheut, gleich eine Heckklappe umzusetzen, wie sie andere Autos schon haben, bleibt ein Rätsel. So entsteht ein nur minimaler Zuwachs an Kofferraum im Heck.

Die Ursachenforschung der Verkaufsabteilung hat durchaus gestimmt, denn der TL verkauft sich tatsächlich doppelt so gut wie das Stufenheckauto, bleibt aber um Längen hinter dem Variant zurück. Dieser erreicht 1969 eine Auflage von rund 145.000 Einheiten, der TL kommt auf 80.000 und das Stufenheck auf 40.000. Letzeres findet auch gern als einfach ausgestattetes Behördenfahrzeug Verwendung. Den TL gibt es nur mit 54 PS und in gehobener, mit dem Buchstaben L gekennzeichneter Ausstattung. Mit der Einführung des TL wird aus der ganzen Baureihe der VW 1600, weiterhin mit 54 PS. Ab 1967 ist eine Automatik lieferbar.

Wieder einmal lassen die Vereinigten Staaten von Amerika grüßen, als Volkswagen 1968 eine technische Neuerung einführt. Die elektronische Benzineinspritzung hilft, die frühen US-Abgasnormen einzuhalten und wird auch auf dem europäischen Markt gegen Aufpreis von rund 600 Mark angeboten. Die Leistung bleibt unverändert, und ob sich der VW 1600 mit dem E in der Typbezeichnung besser fahren lässt als ohne, darüber sind sich zeitgenössische Tester nicht einig.

Käfer-Bezug: Der VW 1600 TL spricht Umsteiger aus dem VW-Programm an.

Letzte Stufe: Zum Schluss wird die Baureihe vor allem vorn optisch aufgefrischt.

In seine letzte Runde geht der Typ 3 im Herbst 1969. Diesmal zeigt die Designabteilung eine allgemein anerkannte glückliche Hand und schärft das Erscheinungsbild der Modelle effektvoll. Der um 120 mm verlängerte Vorderwagen erhält einen kantigen Abschluss, gleichzeitig wächst das Kofferraumvolumen um 25 Prozent (230 Liter statt 185 Liter). Neue Stoßstangen und größere Front- und Heckleuchten gehören zu den Renovierungen, beim TL auch eine stärker abgekantete Motorhaube. Um 50 bis 75 kg sind die Autos nach den Karosserieretuschen schwerer, so dass die ohnehin schon nicht üppige Leistung von 45 respektive 54 PS nicht mehr zeitgemäß wirkt. Für 1970 ist noch einmal eine Produktionssteigerung drin, ab 1972 gehen die Zahlen deutlich zurück.

DER GROSSE KARMANN GHIA

Wenn der Markt nach einem größeren Volkswagen ruft, hat auch ein größerer Karmann Ghia Platz. Darauf setzt VW, als das Werk zur IAA 1961 eine komplette Modellfamilie vorstellt: Limousine und Cabrio, Kombi sowie Coupé und davon auch ein Cabrio. Weitaus moderner als der VW 1500 steht der neue Karmann Ghia auf der Messe. Klare Linien im Kanten und Winkel betonenden Trapezstil machen aus dem Neuling einen „großen" Karmann Ghia, obwohl er denselben Radstand hat wie der kleinere.

Fiat 1200 oder Auto Union 1000 Sp. Aber der Kreis der Abnehmer wäre vermutlich klein geblieben. Schon die 8705 Mark fürs Coupé sind ein Wort, handelt es sich doch nur äußerlich um einen Sportwagen. Den Porsche 356 gibt es für 14.300, den Triumph TR4 schon für 11.990 Mark (1962).

Clou des Karmann Ghia 1500 bleibt eben die Linienführung. Ghia in Turin hat dem Zeitgeist nachgespürt, wie er sich auch im ein Jahr vorher präsentierten Chevrolet Corvair ausgedrückt

Modern: Der VW 1500 Karmann Ghia begeistert spontan, erlebt dann aber nur eine eher kurze Laufzeit.

Das Cabrio begeistert die Messebesucher – aber es wird ebenso wenig in Serie gehen wie der offene 1500. VW hält die erforderlichen Investitionen nicht für lohnend. 9500 Mark hätte der offene Karmann Ghia kosten sollen, nicht mehr als ein

hat. Der Heckabschluss, die fast plane Fläche bis zur sehr großen Heckscheibe in leichtem Panoramaeffekt wirken großzügig. Die unterhalb der Gürtellinie verlaufenden Kanten geben Schwung. Nach vorn reichen sie vom Türschloss bis zu den Scheinwerfern.

Der große Karmann Ghia

Sie prägen die Front – zusammen mit den zur Mitte hin angeordneten Nebelscheinwerfern ein Vieraugengesicht, als dieser Begriff aus der Designwelt noch gar nicht erfunden ist.

Die Weiterentwicklung orientiert sich streng an den Veränderungen der Grundtechnik, wie sie von den Hauptmodellen bekannt ist. Ab 1965 heißt er denn auch Karmann Ghia 1600. 1969 wird er zugunsten des neuen VW-Porsche eingestellt. Entgegen der anfänglichen Begeisterung kann sich der „große" Karmann nicht durchsetzen. Ist die attraktive Form doch zu modisch gewesen und hat sich zu schnell abgenutzt – ganz im Gegensatz zum Klassiker auf Käfer-Basis? In acht Jahren werden es nicht mehr als 42.505 Fahrzeuge. In Brasilien gibt es einen völlig anderen Karmann Ghia auf Basis des VW 1500. Der TC ist eher an den „kleinen" Karmann Ghia angelehnt und wird bis 1974 gebaut.

Wieder nur ein Traum: Abgesehen vom schicken Karmann-Prototypen bleibt der Typ 34 ungeöffnet.

VW 411/412   1968 – 1974

Alles neu und doch nicht richtig neu – das ist der VW 411 – der Typ 4 in der Werksgeschichte. 1968 tritt nicht eine erweiterte Nutzung des bewährten Käfer-Konzepts an, sondern ein grundlegend neues Auto, der lang erwartete (ganz) große Volkswagen, ein Auto der Mittelklasse. Dass auch er einen luftgekühlten Boxermotor im Heck hat, einen vernünftig großen Kofferraum nur mit Mühe erreicht und zumindest gewöhnungsdürftige Proportionen hat, versteht nicht nur die Fachwelt nicht mehr. Der böse Spott macht die Runde, der 411 sei zwar der erste VW mit vier Türen, komme aber elf Jahre zu spät auf den Markt!

Ob das stimmt? Nur das Bauprinzip des Motors ist nicht neu. Der VW 411 hat eine selbsttragende Karosserie und ein modernes Fahrwerk, er hat einen gegenüber dem VW 1600 (und den allermeisten Käfer-Modellen) um 100 mm verlängerten Radstand, der den Raum beschränkende Kardantunnel aus den früheren Modellen ist weggefallen. Besonders die hinten sitzenden Mitfahrer haben es gut, im Fond herrscht richtig Platz, auch nach oben – etwas Neues in einem Volkswagen. Vorn stören die Radkästen etwas, an den Platzverhältnissen gibt es aber kaum etwas auszusetzen. Selbst beim Zweitürer ist der Zugang nach hinten relativ bequem. Alles beim Alten beim Thema Kofferraum: 308 Liter sind es und zwar nur vorn, denn das zweite Abteil über dem Motor wie beim

Neue Zeiten bei VW? Der 411 hat viel Platz und eine selbsttragende Karosserie, stößt beim Konzept aber an Grenzen.

An der Spitze des Programms: Der 411 als Zweitürer und Viertürer in der L-Ausstattung.

Eine Frage der Proportion: Der lange Überhang vorn und die schwerfällige Form wollen nicht jedermann gefallen.

Der Variant auf der Überholspur: Als praktischer Kombi mit Kofferraum punktet er auch in dieser Baureihe.

TECHNISCHE DATEN	VW 411 E
Bauart	Limousine Mittelklasse
Bauzeit	1969 – 1972
Motor	Vierzylinder-Boxer luftgekühlt
Hubraum	1697 ccm
Leistung	80 PS
Getriebe	Viergang-Handschalter, a.W. Automatik
Antrieb	Hinterräder
Gewicht	1100 kg (Viertürer)
V_{max}	155 km/h

Typ 3 gibt es nicht – außer einer kleinen Gepäckablage hinten im Innenraum nach dem Vorbild des Käfers. Im Kofferraum des 411 stört zusätzlich der Tank, sperriges Gepäck geht auch in diesem VW nicht hinein.

Achsen und Federung unterscheiden sich sehr stark von Käfer und Typ 3. McPherson-Federbeine vorn, Schräglenker und Schraubenfedern hinten verbessern die Fahreigenschaften nachhaltig – gegenüber dem Käfer und dem VW 1600. Anfangs gibt es Probleme mit der Geräuschdämmung – ein Punkt, der in dieser Klasse weit negativer wirkt als im Käfer und VW 1600.

Der neuentwickelte Boxermotor der flachen Bauart leistet aus 1679 ccm Hubraum zunächst 68 PS, in der Einspritzvariante ab 1969 dann 80 PS, im VW 412 ab 1973 sind es 75 und 85 PS. Das ewige Heizungsproblem der luftgekühlten Motoren, dass die Wärme sich erst spät ausbreitet, ist beim 411 ausgemerzt – dank einer Zusatzheizung, wie sie sonst nur als Sonderausstattung für kalte Regionen gedacht ist. Sie funktioniert, erhöht aber den ohnehin stattlichen Verbrauch des 411 ungebührlich.

In der Optik – bei der Gestaltung ist übrigens das Büro von Pininfarina einbezogen worden – wirken der kurze Hecküberhang und der lange Vorbau unharmonisch, besonders bei der zweitürigen Version. Wenig kann auch die glatte, schmucklose Front

überzeugen, allein die großen und breiten Scheinwerfer geben ihr einen gewissen Halt. Dieser Punkt wird bei der ersten, schon früh erfolgten Modellpflege abgeändert.

Die Baureihe startet als 411 und 411 L. Die bessere Ausstattungslinie sieht Gummileisten auf den Stoßstangen und Chromschmuck vor: Seitliche Zierleisten, außerdem Chrom an den Dachrinnen und Radläufen. Damit kann der 411 durchaus mithalten im Wettbewerb, problematisch ist dies allerdings bei den Verkaufspreisen. Sie beginnen bei 7770 Mark für den zweitüren 411 und reichen bis 8485 Mark für den viertürigen 411 L. Damit ist der VW nicht teurer als der Ford 17M und der Opel Rekord, hat aber die konzeptbedingten Nachteile in der Raumausnutzung.

Das technische Prinzip Volkswagen ist am Ende. Sieben Jahre nach dem verhaltenen Start des Typ 3, der anschließend durchaus noch in Erfolg mündet, wiederholt sich eine solche Entwicklung mit dem 411 nicht. Die geplante Tagesproduktion von 500 kommt nie zustande, 300 ist die höchste Rate, bald sind es weniger als 200 Autos. Nicht zuletzt hauseigene Konkurrenz in Gestalt des Audi 80 und des VW K 70 machen dem 411 zu schaffen. In sieben Jahren entstehen nur 355.200 Exemplare, davon die Hälfte Variant. Der praktische Familienkombi mit Kofferraum überzeugt auch hier.

Späte Auffrischung: Als VW 412 erhält das Auto die markantere Nase.

Frühes Facelift: Schnell nachgeschoben wird die gefälligere Gestaltung der Bugwand.

Modellpflege:

Schon ein Jahr nach der Einführung kommt die erste Modellpflege – ein höchst ungewöhnlicher Vorgang. Die umstrittene Frontpartie wird wesentlich gefälliger durch Anwendung einfacher Mittel. Aus den breiten Frontscheinwerfern haben die Designer Doppelscheinwerfer gemacht und die freie Fläche dazwischen mit einer Chromspange und dem VW-Zeichen gefüllt. Außerdem teten der Variant auf den Plan und der Motor mit elektronischer Benzineinspritzung. Die Baureihe ist erst jetzt komplett. Zwei Motoren und drei Karosserievarianten stehen zur Wahl.

Drei Jahre später wird aus dem 411 der 412. Der Bug ist schärfer konturiert, die Kofferraumhaube – die jetzt das Markenzeichen trägt – ist tiefer gezogen, die Doppelscheinwerfer sind anders eingefasst und die vergrößerten Blinkleuchten neben die Scheinwerfer platziert. So wirkt der Wagen gefälliger, in dieser Optik wird er auch seine Laufbahn beenden. Für das letzte Jahr fällt der Einspritzmotor weg, dafür wird der Vergasermotor mit 75 PS und 85 PS angeboten.

Gute Aussicht und viel Platz: Die großen und steil stehenden Scheiben zählen zu den Vorzügen des VW 411/412.

Volkswagen K 70 1970 - 1974

Dieses Auto ist einmalig – nicht wegen seiner technischen Merkmale und Eigenschaften, sondern wegen seiner Entstehung und seines kurzen Lebensweges. Noch Anfang 1969 gehört ein Volkswagen mit Frontantrieb und Wasserkühlung ins Reich der Fabel, schon Ende 1970 ist er Realität geworden. Er ist eine Episode in jener Ära riskanter Modellpolitik bei VW. Das eigene Portfolio ist veraltet, die Neuheit VW 411 falsch gesetzt, der frische Impuls der neuen Konzernmarke Audi noch nicht überall im Hause angekommen, Entscheidungen werden kurzfristig gefällt und haben (manchmal) keinen langen Bestand. Genau so läuft es mit dem K 70. Abrupter Stopp, schneller Neustart mit großem Aufwand und ein frühes Ende.

Bekannt ist der Fronttriebler mit wassergekühltem Reihenvierzylinder schon lange, bevor sich VW mit ihm befassen muss. Als enttarnter Erlkönig ist er den am Auto Interessierten längst ein Begriff, so auffällig und häufig finden letzte Erprobungsfahrten in der Öffentlichkeit statt. Die kleine, innovative Marke NSU AG hat eben erst mit dem NSU Ro 80, seinem Wankelmotor und zeitlosem Design für Aufsehen gesorgt und will nun den K 70 nachschieben, eine technisch anspruchsvolle Mittelklasselimousine. Sie soll die Stückzahlen bringen, die der exklusive Ro 80 nicht schafft.

Daraus wird nichts, Anfang 1969 geht NSU das Geld aus, die Lösung heißt Fusionierung mit der neuen Marke Audi unter dem Dach von Volkswagen. Deren Neuheiten heißen VW 411 und Audi 100. Die noch von NSU für den Genfer Salon terminierte Vorstellung des neuen K 70 sagt VW umgehend ab, um im Juli den VW K 70 anzukündigen. Zu diesem Durchstarten baut Volkswagen bis 1970 ein neues Werk in Salzgitter (heute ein VW-Motorenwerk). Der K 70 ist für seine Zeit durchgängig modern. Die Trapezlinie in Reinkultur schafft optisch klare Verhältnisse: große Scheiben, acht an der Zahl, kantige Linien, breite Motor- und Kofferraumhaube. Rechteckscheinwerfer und eine Chromspange mit VW-Zeichen auf schwarzem Grund genügen für ein unverwechselbares Gesicht, eine deutliche Sichtkante unterhalb der Gürtellinie prägt die Seitenansicht. 1972 erfährt die Optik eine dezente Veränderung, die einzige in den vier Jahren. Der Bug wird seitlich etwas mehr nach innen gezogen – der c_W-Wert des K 70 ist verbesserungswürdig. Außerdem gibt es jetzt Doppelscheinwerfer.

Das Platzangebot und der bequeme Einstieg sind für VW-Verhältnisse sensationell – der K 70 nimmt in diesem Punkt den Passat der zweiten Generation vorweg. 2690 mm misst der Radstand, 190 mehr als im VW 411. Am ähnlichsten sind sich die beiden ungleichen Brüder VW 412 und K 70 in selbsttragender Karosserie und Fahrwerk, am unähnlichsten beim Motor. Vier Zylinder in Reihe, 1605 ccm, kurzhubig ausgelegt, 75 PS oder 90 PS, Doppelvergaser, oben liegende Nockenwelle sind die Kennzeichen. Der K 70 lässt sich hochtourig und sportlich fahren. Zu Anfang gibt es 70 PS oder 90 PS, der Typ S ab 1973 hat dann dank größerer Bohrung 100 PS.

Nach vier Jahren K 70 unter VW-Regie haben sich die Zeiten geändert – VW will in Salzgitter den neuen Passat bauen. Der K 70 hat diese Zeit überbrückt und 211.127 Käufer gefunden.

TECHNISCHE DATEN	VW K 70
Bauart	Limousine der Mittelklasse
Bauzeit	1970 – 1974
Motor	Vierzylinder/Reihe
Hubraum	1605 ccm
Leistung	75 PS
Getriebe	Viergang-Handschalter
Antrieb	Vorderräder
Gewicht	1060 kg
V_{max}	148 km/h

Hochaktuell im Design ist die Trapezlinie, die NSU für seine Schöpfung ausgewählt hat.

Wir sind flott: Der K 70 erhält Doppelscheinwerfer.

Passat

Erfolgs-Wagen: Sieben Passat-Generationen im Gruppenbild.

Der Passat, das Auto der Mittelklasse und später der oberen Mittelklasse, wird oft unterschätzt, wenn es um die VW-Modellreihen von überragender Bedeutung geht. Käfer und Golf leuchten so hell als die erfolgreichen Autos für die Masse, dass das typische Familienauto Passat dagegen etwas verblasst. Acht Generationen sind es seit 1973 geworden, der Passat ist nach Käfer und Golf die dritterfolgreichste Modellreihe.

Wie kaum ein anderes Modell auf dem Markt zeigt gerade er die Aufwertung der Mittelklasseautos. Immer größer, immer stärker motorisiert und immer höherwertig wird der Passat. Er steht für das Heranrücken des familientauglichen Vernunftautos an die als Premium bezeichneten Modellreihen von Audi, BMW und Mercedes-Benz. Heute heißt in der Statistik des Kraftfahrtbundesamtes diese Kategorie nicht mehr „Mittelklasse", sondern „Obere Mittelklasse", angesiedelt unmittelbar über der Kompaktklasse, also dem Golf. Der Passat spielt in seiner Klasse eine starke Rolle, auch auf den europäischen Exportmärkten. Schon ab der zweiten

Generation ist er ein hoch geschätztes Raumauto, begehrenswert vor allem für Familien. Der Platz im Fond ist zeitweise maßstabsetzend.

Mehr als 15 Millionen Passat sind seit 1973 produziert worden. Zweitürer und Viertürer, Kombiheck und Stufenheck, natürlich der ewige VW-Bestseller Variant, dazu das viertürige Coupé, mehr ist nicht nötig an Diversifikation für den Welterfolg. Tatsächlich ist der Passat fast weltweit verbreitet, er wird auf zahlreichen Märkten zu unterschiedlichen Zeiten produziert. Am auffälligsten fällt seine Karriere in China aus. Dort ist Volkswagen zur rechten Zeit am rechten Ort und macht den in Deutschland kaum beachteten Santana zum automobilen Pionier. Passat-Modelle gibt es auch aus Südamerika und den USA. Hauptproduktionsort bleibt aber stets Deutschland, zuständig ist das Werk Emden, später kommt Zwickau hinzu.

Passat B1   1973 – 1980

Für Volkswagen selbst wirkt der erste Passat wie eine Notlösung, ist er doch „nur" ein am Heck abgeänderter Audi 80. Die Notlösung ist der schnellste Weg für den Umzug des Antriebs vom Heck nach vorn, den die Marke so bitter nötig hat. Für den Gesamtkonzern startet mit dem Audi/VW-Duo die Baukastenstrategie der Zukunft. Dass Audi die moderne Mittelklasselimousine und vor allem den neuen Motor schon entwickelt hat, ist ein Glücksfall für die Marke VW.

Der mäßige Zuspruch des Publikums beim VW 411/412 sowie das Auslaufen des VW 1600 stecken dort allen Beteiligten noch in den Knochen, der kurzlebige K 70 kann die Situation nicht retten. Außerdem sind die Verantwortlichen fixiert auf den Start des Golf ein Jahr später. Er sollte über das Schicksal des angeschlagenen Konzerns entscheiden – positiv, wie man heute weiß.

Für den aktuellen Hausdesigner Giorgio Guigiaro – auch er ist zu dieser Zeit stark mit dem Golf beschäftigt – dürfte es nur eine Fingerübung gewesen sein, aus dem kantigen, sportlich auftretenden Stufenheck-Audi eine Fließheck-Limousine zu machen. Sie ist ihm zweifellos gelungen, ganz besonders in der viertürigen Ausführung. Diese hat ein kleines, drittes Seitenfenster und gibt dem Auto einen Eindruck von Großzügigkeit. Der Zweitürer erhält ein langes hinteres Seitenfenster, das unten spitz ausläuft. Designentwürfe für die Fließheckmodelle des Audi 80 hat es auch werkseitig gegeben. Den Passat Variant gibt es dann – gleichsam zurückgelabelt – für den US-amerikanischen Markt eine Zeit lang als Audi 80 Fox Variant.

Die Silhouette wird dominiert vom langen Vorbau und der nur leicht abfallenden Motorhaube. In der Front ersetzt das VW-Zeichen die vier Audi-Ringe, jedenfalls in der einfachen Ausführung. Der Passat GL erhält Rechteckscheinwerfer, der TS Doppelschein-

Drei Modelle zum Start: Zweitürer, Viertürer und Variant leiten eine neue Ära bei VW ein.

Praktischer Zusatz: Die tief nach unten reichenden Heck- und Kofferraumklappen vergrößern den Nutzwert – hier die letzte Ausführung des Passat B1.

werfer (wie Audi 80 GL und GTE). Die Alternative zum Audi-Grill mit den vier Ringen der Auto Union und Rundscheinwerfern bilden eckig gehaltene Scheinwerfer und dazwischen eine schwarze Fläche mit dem VW-Zeichen in der Mitte.

Die naheliegende Idee einer Heckklappe wird erst zwei Jahre nach der Premiere umgesetzt. Es gibt Zwei- und Viertürer allerdings weiter mit der bisherigen Kofferraumklappe, und gut die Hälfte aller Passat-Käufer bleibt auch dabei. Zum gleichen Zeitpunkt werden die Frontscheinwerfer von eckig auf rund umgestellt. Der Typ TS hat von Anfang an Doppelscheinwerfer.

Für die letzten drei Jahre wird der erste Passat analog zur Gestaltung des Audi 80 mit neuen, nun wiederum breiten Frontscheinwerfern in Einheit mit vergrößerten Blinklichtern aufgewertet, die Heckleuchten werden vergrößert. Außerdem reicht jetzt

auch die Kofferraumklappe fast bis zum Kofferraumboden – die Ladekante liegt erheblich tiefer.

Die Motoren sind eine Audi-Entwicklung und basieren auf denen des Audi 100. Oben liegende Nockenwelle, Vergaser mit Startautomatik und der thermostatisch gesteuerte Lüfter zeichnen die moderne Konstruktion aus. Der längs eingebaute Motor ruht auf einem Fahrschemel. 55 PS aus 1,3 Litern Hubraum (im Programm bis 1978), 75 oder 85 PS aus 1,5 Litern, ab 1975 dann aus 1,6 Litern Hubraum bilden das Startprogramm. Der schnellste Passat erreicht eine Höchstgeschwindigkeit von 170 km/h und schafft die Marke Hundert in zwölf Sekunden – ein durchaus flotter Wert für seine Zeit.

1978 erhält der Passat den 1,3-Liter-Motor aus dem Golf in derselben PS-Stärke – der Baukasten fängt an zu funktionieren.

den TS nur mit 85 PS und 110 PS – und nicht als Variant – und den S sowie den LS mit 75 PS. Mit der Überarbeitung 1977 entfällt die Bezeichnung TS.

Der Grundstein ist gelegt, der Mittelklasse-VW hat seinen Platz gefunden. In sieben Jahren entstehen mehr als zwei Millionen Exemplare, die Hälfte davon Limousinen mit der kleinen Kofferklappe. Variant und Limousinen mit Heckklappe teilen sich die andere Hälfte.

Passat B2   1980 – 1988

Der Passat ist größer geworden – länger und breiter. Jetzt bietet dieses Auto Platz, so viel, dass Raum zum Kennzeichen der ganzen Baureihe wird. 85 Millimeter mehr Radstand und die um 185 Millimeter längere Karosserie bei einem gegenüber dem Vorgänger deutlich kürzeren Überhang hinten haben es möglich gemacht. Dass er auch um 62 Millimeter höher ist, sieht man ihm kaum an. Zu spüren bekommen den räumlichen Fortschritt vor allem die hinten Sitzenden, der Ruf des in dieser Beziehung idealen Familienautos – Vans gibt es praktisch nicht – findet hier ihren Anfang. Die Beinfreiheit ist groß und die breiten Türen erleichtern den Zugang.

Der B2 ist ein großzügiges Auto mit angenehm großen Fensterflächen. Das dritte Seitenfenster der Fließheckversion läuft nach hinten spitz zu und schafft so einen effektvollen Abschluss. Das Dach fällt sanft ab bis in Höhe der Gürtellinie. Große Leuchteinheiten mit vier Kammern bilden einen kräftigen Abschluss. Vorn betonen die Rechteckscheinwerfer mit separatem Fernlicht und der kräftige Stoßfänger die neue Dimension. Deutlich ausgeführte Radläufe und die in Höhe des Vorderrads unterbrochene Zierlinie prägen die Seitenansicht.

Der Variant erhält durch die oft georderte Dachreeling zur einfachen Montage eines Dachträgers ein zusätzliches optisches Attribut hoher Nutzbarkeit. In der Optik gar nicht mithalten kann dagegen der zweitürige Passat. Die lang gezogene hintere Seitenscheibe will nicht in die Grunddimensionen passen. Zweitürer in dieser Fahrzeuggröße sind ohnehin kaum ein Thema, so dass die Produktion schon 1984 nach mäßiger Nachfrage eingestellt wird.

Nur wenig besser ergeht es der auf dem europäischen Markt Santana genannten Stufenhecklimousine, 1981 nachgeschoben. Sie soll die Rolle eines Luxus-Passat übernehmen, was sie aber nicht schafft. Als eigenständiges Modell wird der Santana schon 1985 zurückgenommen und läuft danach noch als Passat Stufen-

Weit bedeutsamer ist die Einführung des Dieselmotors im selben Jahr. Die 50 PS des nach dem Wirbelkammerprinzip arbeitenden Motors sind nicht allzu üppig, erfüllen aber voll ihren Zweck als wirtschaftiche Alternative für Vielfahrer. Eine letzte neue Motorisierung erreicht die Baureihe 1979: 110 PS aus dem 1,6-Litermotor für den Passat GLI.

Gekoppelt werden die Motoren mit einem hinter der Vorderachse sitzenden Vierganggetriebe, die beiden größeren auch mit einer Dreistufenautomatik. Dreiecksquerlenker und Schraubenfedern vorn, Starrachse und Schraubenfedern hinten kennzeichnen das Fahrwerk.

Das Raumwunder späterer Generationen findet sich nicht im ersten Passat. Dennoch bietet er ausreichend Platz für vier Erwachsene oder die fünfköpfige Familie. Die Baureihe startet oberhalb der einfachen Normalversion mit den Ausstattungsvarianten L, LS und TS. Sie sind bestimmten Motoren zugeordnet. So gibt es

TECHNISCHE DATEN	VW Passat Diesel
Bauart	Limousine
Bauzeit	1980 – 1985
Motor	Vierzylinder-Reihe
Hubraum	1588 ccm
Leistung	54 PS
Getriebe	Fünfgang-Handschalter ab 1982 a.W. Automatik
Antrieb	Vorderräder
Gewicht	1460 kg
V_{max}	145 km/h

Das Raumwunder: Der zweite Passat bietet ungewöhnlich viel Platz, ganz besonders der Variant.

heck mit. Im Ausland dagegen ist dem Santana ein langes Leben beschieden. Übrigens ist auch ein Zweitürer vorgesehen, der aber nicht gebaut wird.

Die Nutzbarkeit des Innenraums wird bei Fließheck und Variant weiter gesteigert durch die nun auch geteilt umklappbare Rückbank, zunächst nur gegen Aufpreis lieferbar. Gegenüber dem Vorgänger ist die Ausstattung aufgewertet, der Passat stellt jetzt einen Hauch von Luxus auf die Räder, wenn man sein Wunschauto entsprechend ausstattet.

Das technische Grundkonzept ist geblieben. Die Vergasermotoren mit 1,3 bis 1,9 Liter Hubraum werden übernommen, die Bandbreite reicht von 55 PS bis 115 PS. Da der neue Passat um bis zu 230 Kilogramm schwerer ist als sein Vorgänger, sind die schwächeren Motorisierungen ein Problem. Der einzige Diesel – er hat jetzt 54 PS – hat es schwer mit einem voll beladenen 1650 Kilogramm schweren Variant. Dafür ist er ein echtes Fünfliterauto: 5,2 Liter Diesel auf 100 Kilometern in allen Lebenslagen sind ohne Mühe zu schaffen, das kann der Autor aus eigener Erfahrung bestätigen.

Schon 1982 sind aber alle erlöst, denen das zu wenig ist. Der Abgasturbolader erhöht die Leistung auf 70 PS. Den attraktivsten Motor hat aber der Baukasten der Benzinmotoren zu bieten. Der Fünfzylinder, zunächst mit Vergaser, ab 1983 dann als Einspritzer, deckt das obere Leistungsspektrum ab. 115 PS aus 1994 respektive 2226 ccm Hubraum erlauben Höchsttempi von 187 km/h und 195 km/h. Zur selben Zeit führt VW auch neue Benzinmotoren mit 1,3 und 1,6 Litern Hubraum bei ähnlicher Leistung ein. Fünfganggetriebe – ursprünglich wegen des als Spargang ausgelegten Fünften 4+E-Getriebe genannt – sind verbreitet, aber noch nicht Serie.

Ein Jahr vor der einzigen optischen Überarbeitung der Reihe beginnt für den Passat das Zeitalter des Allradantriebs. Der Syncro – ab 1984 und nur als Variant erhältlich – hat permanenten Allradantrieb, das Hinterachsdifferenzial ist sperrbar, das vordere in das ebenfalls sperrbare Verteilerdifferential integriert. Es gibt ihn mit den stärkeren Benzinmotoren, der Aufpreis ist mit 8000 Mark auf den Grundpreis von 24.700 Mark (Passat GL 5) recht hoch. Da der große Allradboom noch nicht eingesetzt hat, bleibt die Verbreitung des Syncro recht überschaubar, rund 14.000 werden in drei Jahren gebaut.

Kennzeichen Fließheck: Nach dem Variant wird diese Karosserieform am meisten nachgefragt.

VW SANTANA

Nimmt man den Automobilmarkt in Deutschland zum Maßstab, ist mit diesem Erfolg nie zu rechnen gewesen: Der VW Santana, jene hierzulande so unbeliebte Stufenheckversion des zweiten Passat, ist zum Weltauto geworden. Das liegt natürlich auch daran, dass das Stufenheck als Karosserieform fast überall populär ist, nur nicht in der Bundesrepublik bis. Außerdem gründet der Konzern ein Joint Venture in China und baut dort die Limousine, deren Name sich übrigens von dem des Windes Sant Ana in Kalifornien herleitet. Neben der Staatskarosse Hongqi („Rote Fahne"), der Funktionärslimousine Shanghai 760 und dem Ge-

ländewagen Beijing ist er zu dieser Zeit der einzige in der Volksrepublik gebaute Pkw.

China allein macht aus dem Santana aber noch kein Weltauto. Parallel zu China ist er auch in Japan bei Nissan entstanden, als VW Quantum in den USA und als Corsar in Mexiko. Brasilien hat das Santana Coupé erfunden und später eine ähnliche Weiterentwicklung herausgebracht wie die Weiterentwicklung in Form des Typ 2000 in China. Auch in Brasilien ist der Name Santana noch bis 2006 aktuell.

Trotz guter Ausstattung hat die Stufenhecklimousine Santana, die bald auch wieder Passat heißt, in Deutschland einen schweren Stand.

Facelift per Kunststoff: Am Schluss wird der Passat B2 optisch aufgewertet.

Optisch aufgefrischt wird die Reihe 1985: Drei Querlamellen im Kühlergrill, vergrößerte Frontscheinwerfer – jetzt auch mit Halogenlampen –, um die Kanten gezogene Stoßfänger, stärker betonte Radausschnitte und eine kräftige Schutzleiste zeigen es an. Die Fließheckausführung bekommt außerdem einen Heckspoiler und eine größere Heckscheibe. Der Fünfzylinder hat jetzt 136 PS und damit die höchste PS-Leistung der Baureihe.

Im März 1988 endet die Laufbahn des zweiten Passat. Er bringt es auf rund 1,3 Millionen Exemplare, davon 60 Prozent Variant.

Passat B3   1988 – 1993

Der zweite Passat-Nachfolger ist in zwei Punkten völlig neu. Technisch vollzieht er den Wechsel zum quer einbauten Motor, sein Konzept verzichtet außerdem auf das Fließheckmodell. Der neue Passat ist eine Stufenhecklimousine oder ein Variant, der Star der Baureihe von Anfang an. Zweitürige Versionen gibt es auch nicht mehr, der dritten Passat-Generation genügen also zwei Karosseriegrundtypen.

Auffälliges optisches Merkmal ist die Front ohne Kühlergrill. Die Kühlluft fließt durch die Öffnung unterm Stoßfänger, der Motor atmet durch das VW-Zeichen in der Frontmaske. Das hat nicht nur gestalterische Gründe, sondern dient auch besserer Aerodynamik, jedenfalls fällt der neue Passat auf. Das Design stammt aus eigener Entwicklung unter der Leitung von Herbert K. Schäfer. Es wird wegen der eigenwilligen Frontansicht heiß diskutiert, dem Erfolg schadet es aber unterm Strich nicht.

Durch den Quereinbau des Motors beansprucht der Vorbau weniger Platz. Eine auffällige Prallschutzleiste auf den Seitenflächen in Höhe der Stoßfänger setzt Akzente. Das Tüfteln an der Aerodynamik – die Limousine erreicht den guten c_W-Wert von 0,29 – stärkt auch die Optik: Wegfall der Regenrinnen, schmale, karosseriebündige Seitenscheiben und schwarz gehaltene Fensterumrandungen tragen zum modernen Erscheinungsbild bei. Die großflächigen, steil stehenden Seitenscheiben tragen auch zum positiven Raumgefühl bei.

Das ist gegenüber dem Vorgänger auch in Messwerten belegbar. 73 Millimeter mehr Radstand sind immer willkommen. In der Länge hat der Passat um 233 Millimeter zugelegt trotz des kürzeren Vorbaus – das schafft einfach Platz. Der Kofferraum der Limousine ist kürzer, aber höher als beim Santana. Das Fassungsvermögen reduziert sich um 40 Liter, mit insgesamt 495 Litern ist es aber immer noch groß. Bei umgeklappten Rücksitzen sind es 870 Liter, im Variant kommen stolze 1500 Liter zusammen. Die Beinfreiheit im Fond ist sensationell. Wichtige Ausstattungselemente wie die teilbar umklappbare Rückbank oder das Fünfgang-Getriebe gibt es nun auch in den einfacheren Ausführungen, der Passat wird aufgewertet. Ein wichtiger technischer Fortschritt betrifft das Fahrwerk: Die hintere Starrachse ist durch eine Verbundlenkerachse ersetzt.

Abkehr vom Fließheck. Der Passat B3 kommt neben dem Variant als klassische Limousine mit Riesenkofferraum im optisch relativ kurzen Heck.

Die Vierzlindermotoren mit 75, 90 und 115 PS übernimmt der dritte Passat vom Vorgänger. Neu ist der 16-Ventiler (Hubraum 1984 ccm, 136 PS) als Nachfolger der Fünfzylinder. Die Rolle der Spitzenmotorisierung übernimmt 1991 der VR6, er pflanzt dem Passat 174 PS ein. Dazu kommt der Vierzylinder mit G-Lader in Verbindung mit Allradantrieb – jetzt mit Viscokupplung (Passat G60 syncro). Von den zwei Diesel-Motoren des zweiten Passat überlebt zunächst die Turboladervariante, der Saugdiesel mit 1,9 Litern Hubraum (68 PS) ist die Alternative. 1991 wird daraus der neue Turbodiesel (75 PS). Viele kleine Schritte nach dem grundlegenden Neustart – damit findet der dritte Passat rund 1,6 Millionen Käufer.

Passat B4   1993 – 1996

Genau genommen ist die nächste Modellreihe nichts anderes als eine Weiterentwicklung des B3. Äußerlich fällt als erstes die Rückkehr eines Kühlergrills auf, im aktuellen „Happy-Face-Design". Darunter finden sich Blinker und Zusatzlampen nun im umgestalteten Stoßfänger. Die seitlichen Schutzleisten fallen kleiner aus und sind auch in Wagenfarbe lackiert, die Heckleuchten sind gewachsen, und generell ist das Blechkleid geglättet und frisch genug für weitere drei Jahre.

Es gibt den B4 in den Ausstattungen CL, GL und GT. Geblieben sind die Benzinmotoren mit 1,8. und zwei Litern, gegen Schluss der Bauzeit kommt der 1,6-Liter-Vierzylinder mit 100 PS hinzu. Die

---

Runderneuert zeigt sich der Passat B4 – besonders in der Frontgestaltung.

Spitzen-Passat: Der VR6 von 1993 mit Hubraum satt und 184 PS.

umweltverträgliche Recycling der Autos. Der Passat B4 ist darauf vorbereitet. Trotz aller Auffrischung ist die Modellreihe B3/B4 doch bald in die Jahre gekommen – das bedeutet, dass am Schluss Sondermodelle den Absatz fördern müssen. In drei Jahren sind es immerhin doch 690.000 Einheiten – erneut rund 60 Prozent davon Variant.

Passat B5   1996 – 2000

Alles wieder auf null – warum auch nicht? Als ein Ableger des Audi 80 hat der Passat seine Laufbahn begonnen, der längs eingebaute Motor ist eines seiner Kennzeichen gewesen. Danach ist man zum Quereinbau gewechselt, jetzt ist wieder der Längseinbau dran. Bei dieser fünften Passat-Generation steht erneut Audi im Hintergrund, jetzt im Zuge einer langfristigen Strategie gedacht und nicht als Notmaßnahme wie 23 Jahre zuvor. Audi A4 und der Passat teilen sich die Plattform, und für Audi ist der Quereinbau kein Thema.

Ingolstadt lässt auch noch in anderer Hinsicht grüßen – die Karosserie des neuen Passat ist vollverzinkt – ein typisches Audi-Merkmal. Und sie zeigt Größe. Wieder ist der Passat ein Stück gewachsen (ein Plus von 82 Millimetern im Radstand, 98 Millimetern bei der Länge, 26 Millimetern an Breite und 32 Millimetern an Höhe), das Design verstärkt den Eindruck. Allerdings

Spitzenmotorisierung bildet der VR6, jetzt mit 2,9 Litern Hubraum und 184 PS – immer noch reserviert für den Syncro. Bei den Diesel macht der 1,9 TDI (110 PS) das Rennen. Insgesamt stehen neun verschiedene Motoren zur Verfügung. Nachdem ABS schon im Vorgänger Einzug gehalten hatte, zeigt sich der elektronische Fortschritt jetzt in Airbags vorn, Gurtstraffern und der Wegfahrsperre.

Das Umweltthema der Zeit ist neben der Abgasentgiftung – der Turbodiesel erhält einen Katalysator – das systematische und

ist der Innenraum nicht größer geworden, da fordert der längs eingebaute Motor seinen Platz. Aber Klagen zum Innenraum gibt es auch bei diesem Passat nicht.

Prägend im Design wirkt die bogenförmige Dachlinie, sie sorgt für einen harmonischen Übergang sowohl zur Front- wie zur Heckscheibe hin. Weiche Linien ergeben ein harmonisches Bild, gerade bei der Stufenheckversion. Diesmal darf sie den Part größerer Attraktivität übernehmen, denn die Bogenlinie von VW-Chefdesigner Hartmut Warkuß kann sich im Variant bei seinem steilen

Größer und eleganter ist der Passat B5 von 1996, obwohl die Innenraummaße gleich geblieben sind.

Der Bogen als Gestaltungselement: Die Dachlinie prägt das Aussehen – hier der Passat B5/II ab Baujahr 2000.

Heckabschluss nicht entfalten. Wie immer beim Passat bringen die großen, noch einigermaßen steil stehenden Seitenscheiben Raum und Licht – gute Rundumsicht sowieso. Der c_W-Wert der Limousine beträgt jetzt respektable 0,27. Das Auto gefällt, die Produktion im Werk Emden und jetzt auch im Werk Zwickau wird schnell hochgefahren. Der Variant folgt ein Jahr später und wird unterm Strich erneut der beliebtere bleiben.

Die Ausstattung wird hochwertiger – ein Signal für die Zukunft. Es beginnt der Prozess, die vielleicht doch etwas bieder erscheinenden Volkswagen-Mittelklasse ans Premium anderer Hersteller anzunähern – nicht nur an das der Konzernschwester Audi. Bessere Materialien, das neue satellitengesteuerte Navigationssystem, Sidebags und eine generell feine Ausstattung namens Highline oberhalb von Trendline und Comfortline werten die Baureihe deutlich auf.

Sieben Motoren zwischen 90 PS und 193 PS stehen zur Verfügung, zwei Otto-Vierzylinder mit 1,6 und 1,8 Litern sowie der 2,8-Liter-V6. Neu ist der Fünfzylinder VR5 mit 2,3 Litern. Im Dieselsektor macht zunächst der bekannte Turbodiesel weiter, ehe es 1998 Zeit ist für eine bedeutende Dieselneuerung bei Volkswagen: Das Pumpe-Düse-Prinzip soll über höheren Einspritzdruck mehr Drehmoment, weniger Verbrauch und bessere Abgaswerte erreichen. Für einige Jahre folgt VW dieser Technik. Ein V6-Turbodiesel von Audi ergänzt das Angebot. Der Längseinbau des Motors hat auch neue Getriebe nötig gemacht. Der Syncro des Jahres 1997 nutzt die Technik des Quattro. Statt Visco-Kupplung zur Kraftverteilung gibt es nun ein Torsen-Mittendifferential.

Passat B5/II   2000 – 2004

Die Aufwertung des Passat geht zügig weiter. Eine umfangreiche Auffrischung signalisiert schon äußerlich mehr Qualität in Materialauswahl und Anmutung. Wie eine Luxusausgabe des bisherigen Modells steht der erneuerte Passat vor dem Betrachter. Dabei ist die Kühlerpartie weiter nach vorn gezogen und mit Chrom besetzt, die Leuchteinheiten sind vergrößert und „angespitzt", Chrom an der Prallschutzleiste auf den Seiten, vergrößerte Lichter auch hinten. Der 1,8-Motor fällt weg, den Einstieg in die Palette bildet jetzt der Zweiliter-Motor mit 115 PS, ab 2002 mit 130 PS.

Und den Schlusspunkt der Motorenliste setzt eine fulminante Premiere im Frühjahr 2001: der erste Achtzylinder im Passat. Der W8 hat vier Liter Hubraum, 275 PS, beschleunigt in 6,5 Sekunden auf Hundert und dann weiter bis 250 km/h. Konstruktiv handelt es sich um die Kombination zweier VR4-Motoren. Die auf den ersten Blick viel versprechende Mischung der Mittelklasse mit einem Topmotor entspricht allerdings nicht den Marktanforderungen, der W8 bleibt nur für drei Jahre. Zuletzt kostet er in Deutschland 41.775 Euro und liegt damit um rund 16.000 Euro unter dem günstigsten Phaeton. Die Passat-Preise starten (Beispiel 2003) bei 21.300 Euro für den 1.6. Dafür gibt es auch einen gut ausgestatteten und ausgerüsteten Golf.

TECHNISCHE DATEN	VW Passat W8
Bauart	Limousine
Bauzeit	2001 – 2004
Motor	Achtzylinder W
Hubraum	3999 ccm
Leistung	275 PS
Getriebe	Sechsgang-Handschalter/ Fünfgang-Automatik
Antrieb	Allrad
Gewicht	1665 kg
V_{max}	250 km/h

Ein Beleg für langfristige Strategie ist der erneute technologische Wechsel sicherlich nicht: Ein neuer Passat bringt wieder einmal die Änderung der Einbaulage des Motors mit sich, diesmal von längs zurück nach quer. Jetzt sind Synergien mit der Golf-Produktion der Grund, nachdem die Nähe zur Audi-Technik den vorherigen Umstieg begründet hatte. Das alles hat natürlich nichts mit den Eigenschaften des Passat zu tun, die ihn in seine gute Position gebracht haben: Das überdurchschnittliche Platzangebot, gute Verarbeitung und erstklassiger Komfort.

Der neue Passat des Jahres 2004 mischt da voll mit, wenn auch äußerlich etwas bescheidener auftretend als der prestigeträchtige Vorgänger. Erneut ist er etwas gewachsen, 90 Millimeter in der Länge, fünf Millimeter im Radstand. Starke Keilform, rundliche Linienführung und kleinere Seitenscheiben machen ihn bei aller Eigenständigkeit in der Optik eher zu einem großen Golf als zu einem kleinen Phaeton wie den Vorgänger. Den eleganten Bogen der Dachlinie haben die Designer beibehalten, die Frontgestaltung erinnert an die des Golf: Der Kühlergrill reicht bis in die Stoßfänger, die Scheinwerfer berühren fast das Frontmittelteil. Damit ist die aktuelle Formensprache der Marke auch beim Passat umgesetzt, Golf und Jetta haben sie schon.

Immer größeren Wert legt VW auf die Ausstattung, wenn es nicht gerade die jetzt neue Basisversion „Trendline" sein muss. Über „Comfortline" und „Sportline" kann der Käufer sich bis zur „Highline" entscheiden.

Nun ist auch eine neue Motorengeneration reif für den Passat: Die Benzindirekteinspritzer 1.6 FSI (115 PS) und 2.0 FSI (150 PS), ab 2007 auch 1.4 TSI (170 PS) mit Turbolader rücken in puncto Sparsamkeit die Benziner nahe an die Diesel heran und leiten damit eine Trendwende ein. Spitzenmotor im Passat ist der 3.2 VR6 mit 250 PS.

Die Dieselmotoren arbeiten nicht mehr nach dem Prinzip Pumpe-Düse, sondern haben die gemeinsame Kraftstoffzuleitung für alle Zylinder (common rail) – eine Technik, die sich um diese Zeit überall durchsetzt. Drei Jahre nach der Premiere profitiert die Baureihe von der neuen Dieseltechnik bei VW, Blue Motion genannt. Der 105 PS starke TDI-Motor (1,9 Liter) senkt den Verbrauch auf 5,5 Liter – als Laborwert (die Straßenwerte liegen in der Regel um 20 bis 30 Prozent darüber). 70 Liter fasst der Tank, daraus ergibt sich die stolze Reichweite von mehr als 1300 Kilometern.

Nicht fürs Gelände, sondern eher für die Übertragung großer Motorkraft auf die Straße dient der Allradantrieb. Der B6 kommt in den Genuss der jüngsten Entwicklung: Jetzt besorgt eine Haldex-Kupplung die Kraftzuteilung zu den Achsen. Sie soll schneller und feinfühliger reagieren als die Vorläufertechnik. Außerdem geht die Elektronik in großen Schritten voran. Der Passat B6 ist reif für Distanzregelung, Notbremsfunktion, elektronische Parkbremse, Anfahrassistent und eine Auto-Hold-Funktion. Sowohl Start- wie Schließfunktion werden per Funkfernbedienung und rein elektronisch aktiviert.

Die Baureihe verabschiedet sich mit einem Knalleffekt: Der Passat R36, neu im Jahr 2008 und als Limousine und Variant erhältlich, nimmt den Titel des schnellsten serienmäßigen Volkswagens für sich in Anspruch. Ein neuer FSI-Motor liefert 300 PS. Der Sechszylinder hat einen Hubraum von 3,6 Litern und ist kombiniert mit dem Doppelkupplungsgetriebe. Das erlaubt einen schnellen Gangwechsel per Wippe oder wahlweise automatisiertes Schalten. Außerdem hat er Allradantrieb. Natürlich steht ein solches Auto auch preislich an der Spitze, 46.400 Euro sind für den Variant hinzulegen (für die Limousine wie bei den anderen Modellen 1300

Schritt zum Premium: Der Passat B5 wird in Qualität
und Ausstattung aufgewertet.

Euro weniger). Neben dem Passat CC sorgt dieses Modell für die Glanzpunkte der sehr erfolgreichen Baureihe – die Stückzahl beträgt rund 1,5 Millionen.

TECHNISCHE DATEN	VW Passat R36
Bauart	Limousine
Bauzeit	2006 – 2010
Motor	Sechszylinder V
Hubraum	3597 ccm
Leistung	300 PS
Getriebe	Sechsgang-Automatik
Antrieb	Allrad
Gewicht	1747 kg
V_{max}	250 km/h

Dezenter Zierrat: Felgen, Fenstereinfassung und Dachreling machen den Variant edel.

PASSAT CC   2008 – 2016

Was dem Passat B6 zum Sprung von der Mittel- in die obere Mittelklasse vielleicht noch fehlt, verkörpert der Passat CC auf überzeugende Weise. Die Neuheit des Jahres 2008 verblüfft. Als hätte ein Zauberstab die Passat-Limousine der Reihe B6 berührt, wirkt der CC frischer und muskulöser. Das bewirken die stark hervorgehobene Gürtellinie und die breiten Radläufe (17-Zoll-Leichtmetallfelgen). Die Frontpartie ist stärker ausgeformt als beim aktuellen Passat, und der schon vom Passat-Vorgänger bekannte

günstigere Alternative zum da schon nicht mehr gut verkauften VW Phaeton. Ausstattungsbereinigt kostet der CC 3000 Euro mehr als die Passat-Limousine und 28.000 Euro weniger als der Phaeton V6 (Beispiel 2008).

Phaeton und CC haben Allradantrieb, die Motorleistung ist ähnlich, wobei es sich aber um unterschiedliche V6-Aggregate handelt. Der Preisunterschied ist riesig, dürfte aber im echten Leben kleiner ausgefallen sein, da die Phaeton-Limousinen oft

Der Luxus-Passat: Mit dem Passat CC peilt VW die automobile Oberklasse an.

Dachbogen wirkt beim CC wegen der niedrigeren Dachlinie sehr stimmig. Dynamisch geformte Rückleuchten und der dezent gehaltene Spoiler machen die Heckpartie unverkennbar.

Es geht hier um eine noch ganz junge Autogattung, um ein Coupé mit vier Türen und vier vollwertigen Sitzen. An Höhe hat es gegenüber der Limousine 50 Millimeter eingebüßt, an Länge aber 36 Millimeter zugelegt, alle anderen Werte sind fast gleich. Auch hinten gibt es nur zwei Sitze, die aber sind so bequem wie in der Oberklasse. Der Passat CC ist ganz klar die kleinere und

deutlich unter Listenpreis abgegeben werden. Aber auch ohne den Phaeton im Hinterkopf ist der CC ein attraktives Angebot für den Passat-Fahrer, der sich etwas mehr gönnen will.

Bei der hochwertigen Innenausstattung fallen die speziell für den CC entwickelten neuen Lenkräder inklusive Bedientasten für Assistenzsysteme, Radio und Telefon und die neue Instrumententafel auf. Auf Wunsch geht viel, etwa Dekore aus Echtholz oder gebürstetem Aluminium oder auch eine spezielle Lichtatmosphäre.

Das viertürige Coupé kann auch sportlich: Ausstattung R-Line.

Verbaut werden die Motoren der Typen 1.8 TSI, 2.0 TSI, 3.6 V6 (mit Allradantrieb) und 2.0 TDI, ab 2011 auch die Dieselmotoren der BlueMotion-Reihe. Vier Jahre hat der erste Passat CC Zeit, sich parallel zu den Passat-Hauptmodellen auf dem Markt zu etablieren, ehe es 2012 zum Nachfolger übergeht.

Der heißt nur noch CC – ein Schritt hin zum späteren, deutlicher eigenständigen Arteon. Gegenüber dem nun aktuellen Passat B7 weist er eine stärker ausgeprägte Keilform auf, was seine Silhouette noch flacher macht. Dennoch steht er stilistisch näher an „seinem" Passat als der Vorgänger – daran ändert auch der um eine Lamelle größere Kühlergrill nichts. Sieben Motoren stehen zur Auswahl. Das stärkste Triebwerk ist der 3.6 V6 mit 300 PS. Produziert wird er bis Ende 2016, als der Arteon in den Startlöchern steht. Rund 500.000 Passat CC werden gebaut.

TECHNISCHE DATEN	VW CC 2.0 TSI
Bauart	Limousine
Bauzeit	2012 – 2016
Motor	Vierzylinder Reihe
Hubraum	1984 ccm
Leistung	210 PS
Getriebe	Sechsgang-Handschalter/ Sechsgang-Automatik
Antrieb	Vorderräder
Gewicht	1515 kg
V$_{max}$	240 km/h

Passat B7/B8   ab 2010

Der Passat ist Premium – hochwertig in Verarbeitung, Ausstattung und technischer Ausrüstung – das will das Volkswagen-Marketing uns sagen mit der Premiere des siebten Passat im Oktober 2010. Ob sich Audi, BMW oder Mercedes-Benz deshalb warm anziehen müssen? Eine Art Verunsicherung gelingt tatsächlich, die Höherpositionierung hat geklappt, der Qualitätssprung wird auch bei Anhängern dieser Marken registriert. Im Ergebnis konkurriert der Passat dieses Jahrzehnts mehr mit Audi A6 als mit A4, mit Fünfer-BMW anstelle des Dreiers und mit der E- statt der C-Klasse bei Mercedes. Er nimmt einen Platz dazwischen ein, was für viele Interessenten – nicht nur des Preises wegen – ein attraktives Angebot darstellt.

Das nochmals gesteigerte Selbstbewusstsein steht dem Passat deutlich ins Gesicht geschrieben. Kurz zuvor ist die Oberklasselimousine Phaeton zum letzten Mal aktualisiert und aufgewertet worden, die Frontgestaltung hat der Passat übernommen. Der breite Lamellenkühler, das VW-Zeichen großflächig in der Mitte, und die nahtlos ansetzenden voluminösen Scheinwerfereinheiten ergeben ein elegant abgerundetes Ganzes. Der Auftritt des Passat lebt von der Größe, der lange Radstand ist wohlverpackt. Die kräftig betonte Gürtellinie lässt das Auto breiter erscheinen als es ist. Sorgfältig durchgestaltet ist auch der Variant. Das dritte Seitenfenster und die gewölbte Scheibe in der Heckklappe machen ihn auch optisch eigenständig.

Der Passat Nummer sieben: Breit und selbstbewusst tritt er 2010 an.

TECHNISCHE DATEN	Passat 1.4 TSI
Bauart	Limousine
Bauzeit	ab 2014
Motor	Vierzylinder-Reihe
Hubraum	1395 ccm
Leistung	125 PS
Getriebe	Sechsgang-Handschalter
Antrieb	Vorderräder
Gewicht	1292 kg
V_{max}	208 km/h

Einen Zuwachs an Radstand und Fahrzeuglänge hat es bei diesem Passat nicht gegeben, allein die Breite hat bei unveränderter Höhe um 140 mm zugenommen. Bei den Platzverhältnissen, der klassischen Passatdisziplin, hat ja die Konkurrenz ohnehin eher das Nachsehen, so dass eine weitere Steigerung überflüssig ist. Das Thema Aufwertung zieht sich auch durch die Ausstattungslinien, die mehr bieten. Zu den bekannten Trendline, Comfortline und Highline gesellt sich nun der Passat Exklusive. Er stammt von der hauseigenen Edelschmiede Volkswagen R und fügt der Highline-Liste 18-Zoll-Leichtmetallräder, Ledersitze und Holzdekor hinzu. Von 24.750 Euro (1.4 TSI Trendline) bis 43.275 Euro (V6 Four Motion Highline) reicht die Preisspanne. Die C-Klasse von Mercedes-Benz beginnt bei 32.695 Euro, Audis A4 bei 27.100 Euro, der Dreier-BMW bei 28.980 Euro. Audi A6, BMW-Fünfer und E-Klasse von Mercedes starten bei 43.000 bis 53.000 Euro (Beispiele 2011). Der Passat steht also als ein gutes Angebot da.

Stetige Weiterentwicklung bei enger Einbettung in die konzernweite Verwendung zeigt die Motoren-Palette. Der 1.6 entfällt, 1.4 TSI (122 PS), 1.8 TSI und 2.0 TSI machen weiter, ebenso der 3.6 V6, den 3.2 VR6 gibt es nicht mehr. 1.6 TDI und 2.0 TDI bilden die Dieselfraktion, den größeren Motor gibt es jetzt mit 140 PS und mit 170 PS. Kombinierbar sind die Motoren mit dem Sechsganggetriebe für Handschaltung und dem Doppelkupplungsgetriebe mit sieben Gängen.

Immer mehr Sicherheit zieht in den Passat ein – die Elektronik öffnet permanent neue Türen: City-Notbremsfunktion, Distanzregelung, Spurhalteassistent, ab der Ausstattung Comfortline Müdigkeitserkennung (gemessen werden Lenkbewegungen), Dauerfernlicht, das sich bei Gegenverkehr selbst abschaltet. Nach langer Zeit gibt es auch wieder einmal ein neues Modell beim Passat. Entsprechend dem Audi-Vorbild kommt der Alltrac, ein Variant mit etwas mehr Bodenfreiheit und optisch auf Geländeeinsatz ge-

Auch für schlechte Wege geeignet ist der Passat Alltrack.

trimmt. Erst haben nur die stärksten Motoriserungen Allradantrieb, ab 2013 alle Alltracs.

Zum Pariser Salon 2014 erscheint die Baureihe deutlich aufgefrischt. Im Radstand um 80 Millimeter gewachsen, in der Länge aber gleich geblieben, sieht der Passat nun dem – inzwischen eingestellten – Phaeton von vorn noch ähnlicher. Die Motorisierungen sind ganz ähnlich den bisherigen, neu ist die Hybridversion. Der Passat GTE ist mit dem Vierzylinder 1.4 ausgerüstet (156 PS) sowie mit einem 115 PS (85 kW) starken Elektromotor. Die Systemleistung wird mit 218 PS angegeben. Beide Antriebsarten arbeiten parallel. 50 Kilometer schafft der Hybrid auch rein elektrisch.

40 verschiedene Passatmodelle bietet Volkswagen 2018 auf dem deutschen Markt an. Dafür genügen zwei Karosserievarianten. Der CC ist schon entfallen, weil der Arteon dieses Segment als eigenständiger Typ besetzt hat. Die Position des großen Volkswagens in Massenproduktion ist so stark wie fast von Anfang an. Bislang sind es rund 1,6 Millionen geworden. Der Passat ist neben Golf und Polo eine der drei starken Säulen der Modellentwicklung bei Volkswagen weltweit.

Premium-Passat: Der B8 tritt 2014 in den hart umkämpften Wettbewerb ein.

Das sind nur zwei von 40: Eine breite Palette von Varianten gibt es im Jahr 2018.

Golf

Er gibt der Kompaktklasse ihren Namen: Hier stehen die ersten sechs Golf-Generationen, jeweils in der GTI-Ausführung.

Es passiert nicht oft in der automobilen Welt, dass ein einzelner Autotyp zum Begriff für die gesamte Klasse wird. Volkswagen ist es mit dem Golf gelungen – zumindest in Europa ist die Kategorie der Kompaktwagen als „Golf-Klasse" bekannt. Diese Position muss sich der 1974 als Nachfolger des Käfers erschienene Neuling allerdings erst einmal erobern. Es gelingt relativ schnell, nachdem der Start des von Grund auf neuen und attraktiv aussehenden Autos auf dem heimischen Markt erfolgreich verläuft. Als „Golf" wird er schon erwartet, der Name macht vor der Premiere die Runde. Ein Bezug zur Sportart liegt näher als zum Naturphänomen Golfstrom, obwohl Begriffe aus der Natur zu dieser Zeit beliebt sind bei VW – jedenfalls soll schon bald der Polo folgen.

Die Mischung stimmt. Quer eingebauter Motor und Frontantrieb sind im Wettbewerb zwar nichts Neues, Simca 1100, Renault 12 und Austin Allegro haben das Konzept schon längst auf die Straße gebracht. Auch den Trend zu Kombiheck und Heckklappe haben andere eingeleitet (Simca 1100 und Autobianchi Primula), im Golf aber ist beides in ganz frischem Design zusammengeführt. Moderne Antriebstechnik, günstige Raumaufteilung und hohen Nutzwert bietet der Golf attraktiv verpackt. Er ist bei seiner Premiere das Optimum in seiner Klasse, Rückstand (im Bezug auf den Käfer) ist schlagartig aufgeholt und gegenüber der Konkurrenz auch ein Vorsprung herausgeholt. So kommt der neue VW schnell in Fahrt und verschafft sich Respekt, nicht nur bei den Freunden der Marke.

Bis es so weit ist, haben in Wolfsburg zwei Dinge geschehen müssen: Der Entschluss des Vorstandsvorsitzenden Rudolf Leiding, die hauseigene Entwicklung des Mittelmotorautos EA 276 zu stoppen, und ein Technologietransfer aus der neuen VW-Dependance NSU. Der frühere NSU-Vorstand Dr. Hans-Georg Wenderoth zeichnet verantwortlich für den ersten Golf.

Dazu kommt die gute alte Disziplin des sorgfältig und preiswert organisierten Kundendienstes. Wartungsfreundlichkeit im Sinne festgelegter Reparaturarbeitszeiten gehört zum Konzept. Käfer-Fahrer kennen das schon, „Neueroberungen" wissen es bald ebenfalls zu schätzen. Außerdem bringt der Golf grundsätzlich großen Fahrspaß mit. Frontantrieb, modernes Fahrwerk und die ursprünglich aus dem Hause Audi stammenden sportlichen Motoren bilden die Grundlage. Symbolisch dafür stehen die GTI-Modelle aller sieben Golf-Generationen. Wie für das wichtigste Auto im Konzernprogramm nicht anders zu erwarten, markiert der Golf alle Stationen des technischen Fortschritts. So sorgt er für die massenhafte Verbreitung des Dieselmotors in der Kompaktklasse, durchläuft sämtliche Stationen, das Auto umweltverträglicher und sicherer zu machen.

Mit einer einzigen Karosserieform startet der Golf, das Kombiheck bleibt das Kennzeichen der Baureihe. Ab Generation III kommt der echte Kombi namens Variant, er ist von da an nicht mehr wegzudenken. Das Stufenheck namens Jetta läuft als eigenständiges Modell im Programm, ist ebenfalls unverzichtbar, wenn auch auf dem deutschen Markt weniger wichtig. Das Golf Cabrio schwimmt in alter VW-Tradition mit. Den Golf gibt es aus weltweiter Produktion, er wird im Laufe der bisherigen 44 Jahre gebaut in Argentinien, Brasilien, China, Südafrika und den USA.

Der Golf ist der Kern von Volkswagen, auf seinen Plattformen wuchsen und wachsen weitere Baureihen wie das Coupé Scirocco, der Van Touran, der Retro-Käfer Beetle und das Cabrio Eos. Und schließlich macht der Golf wie alle Baureihen ein enormes Wachstum mit. Der Golf VII hat den Radstand des Passat von 1988, und der des aktuellen Polo ist schon etwas größer als der des Golf II. Und was sagen die Zahlen? Über 35 Millionen Autos sind es seit 1974 bis heute geworden. Man kann sich darüber streiten, ob der Golf oder der Corolla Weltmeister ist. Toyota kommt mit der Typbezeichnung auf mehr Autos. Die aber unterscheiden sich mehr oder weniger stark voneinander, während sich der Golf in seinem Konzept treuer geblieben ist.

Golf I   1974 – 1983

Der Golf gefällt. Frisch und klar im Design, ohne Anleihen an irgendein Vorbild, gibt er ästhetisch gelungen den Startschuss in eine neue Autoära. Giorgio Guigiaro hat eine attraktive Zweckform geschaffen. Trotz einfacher, fast kastenartiger Linien ist sie proportional so fein gegliedert, dass sie Modernität ausstrahlt. Große, steil stehende Fensterflächen, kantige Abschlüsse vorn und hinten, deutlich abfallende Motorhaube, leichter Panoramaeffekt der Frontscheibe und ein geschickter Abschluss der C-Säule wirken

Dezente Veränderung: 1978 wird der Golf dezent aufgefrischt, unter anderem mit größeren Kunststoff-Stoßfängern.

ineinander, eine Chromleiste über den Radläufen und eine Linie zwischen ihnen bringen Harmonie in die Seitenansicht. Der stilistische Clou sind die Frontscheinwerfer – sie ragen ganz leicht über den schwarzen Kühlergrill hinaus.

Der Ur-Golf begeistert bei seiner Premiere: Design und Raumkonzept überzeugen.

Hinten gibt es eine große Hecklappe. Auch wenn sie nicht ganz bis zur Stoßstange reicht, ist sie doch der Kernpunkt der variablen Nutzung des Golf. Es gibt ihn zwei- und viertürig, die Rückbank ist als Ganzes umklappbar – bei Bedarf ist der Golf also ein kleiner Kombi. Interessenten, die vom Käfer kommen, sind beeindruckt von der Raumfülle trotz deutlich knapperer Außenmaße. Um 405 Millimeter ist der Golf kürzer als der Käfer. Der Kofferraum bietet mit 350 Litern schon einiges, das Umklappen der Rückbank verdoppelt das Fassungsvermögen.

Der allererste Golf hört auf die Bezeichnung LS und hat den 1,5-Liter-Motor aus dem ein Jahr zuvor eingeführten Passat, also einen Motor mit Audi-Genen. Aus 70 PS werden nach einem Jahr dank Hubraumvergrößerung 75. Im einfachen Golf hat dieser Motor schon 1977 ausgedient und wird ersetzt durch einen Kurzhuber mit wiederum 70 PS aus 1,5 Litern Hubraum. Es ist der erste neue Motor für den Golf.

ein höchst attraktiver Wolf im Schafspelz, ein Sportwagen in der Kompaktwagenklasse. Er eröffnet eine neue Fahrzeuggattung und öffnet der Konkurrenz die Augen. Fast jeder Wettbewerber springt auf den Zug, das magische „I" in der Typbezeichnung für die Benzineinspritzung verbreitet sich ganz schnell.

VW nutzt den im einfachen Golf schon bald wieder gestrichenen 1,6-Liter-Motor für den Einspritzer. Der erste GTI hat wie alle anderen Golf-Modelle ein Vierganggetriebe, erst ab 1979 sind es fünf Gänge. Die für den Golf neu entwickelte und schon 1975 eingeführte Dreigang-Automatik ist für alle Modelle lieferbar außer für den GTI. Das gilt auch für die Formel-E-Getriebe (fünfter Gang als Spargang) von 1980 bis 1983.

Vielleicht noch wichtiger als der GTI für die Geschichte aller Golf-Baureihen wird jedoch die Einführung des Dieselmotors im September 1976. Die Neukonstruktion (Wirbelkammerprinzip, zunächst 50 PS aus 1471 ccm Hubraum) bewährt sich von Anfang an

TECHNISCHE DATEN	Golf GTI
Bauart	Kompaktlimousine
Bauzeit	1976 – 1982
Motor	Vierzylinder-Reihe
Hubraum	1588 ccm
Leistung	110 PS
Getriebe	Viergang-Handschalter
Antrieb	Vorderräder
Gewicht	870 kg
V_{max}	183 km/h

Der Golf für Einsteiger folgt wenige Monate nach dem Start der Baureihe. Ihm genügen 50 PS aus 1093 ccm Hubraum, der Motor wird parallel auch im Audi 50 und später in dessen Ableger VW Polo verbaut. Das ist der Golf für den Normalverbraucher, und die sind zufrieden mit ihm.

Das wirklich große Aufsehen erregt aber die Neuheit aus dem Herbst 1975, der Golf GTI. Ein Golf mit 110 PS, 183 km/h Höchstgeschwindigkeit und einer Beschleunigung auf 100 km/h in zehn Sekunden – das sind Werte, wie sie der Opel Manta GTE und der Ford Capri mit Sechzylindermotor aufbringen. Der GTI ist

und schafft es in kurzer Zeit, den Dieselmotor im Pkw von seinem Traktorimage zu befreien. Selbst die dieselerfahrenen französischen Marken sind noch nicht so weit, da leistet VW echte Pionierarbeit. Die Glanznummer ist natürlich der Verbrauch: Nur 6,5 Liter auf 100 Kilometern (Sparsame schaffen es auch noch günstiger), der Benziner-Golf mit ebenfalls 50 PS benötigt 9,5 Liter Normalbenzin. 1270 Mark kostet der Diesel mehr auf dem deutschen Markt als der gleichstarke Benziner (10.470 Mark, der GTI liegt übrigens bei 13.850). Die nächste Dieselstufe zündet das Werk kurz vor Ende der Baureihe: Der Abgasturbolader im GTD steigert die PS-Zahl auf 70.

GTI, Stufe II: 1982 erhält der Sportler einen größeren, in der Leistung fast gleichen Motor mit mehr Drehmoment.

Dass der Schritt vom Käfer zum Golf auch den Abschied vom Zentral-Plattformrahmen mit separatem „Häuschen" zur selbsttragenden Karosserie beinhaltet, wird kaum noch wahrgenommen in dieser Phase großer Veränderungen im VW-Programm. McPherson-Federbeine und Querlenker vorn sowie die so genannte Verbundlenkerachse, eine halbstarre Konstruktion, hinten bilden das moderne Fahrwerk. Ab 1975 sind vordere Scheibenbremsen Serie.

Laden beim Parken: Frühe E-Experimente scheiterten vor allem an schwachen und schweren Akkus.

Einfach ist die Umstellung der Produktion in Wolfsburg vom Käfer auf den Golf nicht. Qualitätsprobleme insbesondere bei der Rostvorsorge machen in der allerersten Zeit die Runde, sind aber ebenso schnell bewältigt wie vom Publikum vergessen. Den ersten kleinen optischen Eingriff gibt es 1978, als die nun breiteren Stoßstangen weiter um die Kanten herumgezogen werden. Ebenso dezent fällt die nächste Auffrischung aus, ab 1980 gibt es große Heckleuchten mit sechs Kammern und nochmals vergrößerten Stoßfängern. Der erste Golf bleibt neun Jahre im Programm, prägt sich ein als der Käfer-Nachfolger auch beim Verkaufserfolg und hat 1983 den Grundstein gelegt für die weltweit akzeptierte Golf-Klasse. 6,4 Millionen Autos werden gebaut (ohne Jetta, aber einschließlich Cabrio).

Golf II   1983 – 1991

Golf bleibt Golf, aber es geht auch größer. Das ist die Botschaft der zweiten Generation. Das Auto ist in Länge und Breite gewachsen und bietet mehr Platz samt größerem Kofferraum. Den Zuwachs machen neben dem um 75 Millimeter verlängerten Radstand und der größeren Gesamtlänge (280 Millimeter) auch die bauchig-gerundeten Formen aus, vor allem im Bereich der Seitenwände und der Heckklappe. Das hat die Optik des Autos nachhaltig verändert, ohne dabei den Ur-Golf zu verleugnen. In den Proportionen ist der Neue sofort als Golf erkennbar, prägnante Punkte, die spontan die Aufmerksamkeit auf sich ziehen, fehlen ihm dabei allerdings. Das hat die hauseigene Designabteilung unter der Leitung von Herbert Schäfer wohl so gewollt. Der Golf fällt nicht mehr auf, er ist nicht mehr der überraschende Neuling, sondern einfach das bestimmende Auto seiner Klasse. Ganz nebenbei ist er nun strömungsgünstiger, der c_W-Wert beträgt 0,34, das ist um 19 Prozent besser als beim ersten Golf.

Die einzige minimale optische Änderung in den acht Jahren Produktionszeit des Golf II besteht in einem 1987 leicht geänderten Kühlergrill, vergrößerten VW-Zeichen und geänderten Außenspiegeln. Von da an erhalten die schnellen Golf – der neue GT, der

GTD und der GTI – zwei zusätzliche Scheinwerfer im Frontmittelteil. Dezent und gediegen tritt der Golf II also auf und knüpft, versehen mit der Technik des Vorgängers, nahtlos an dessen Erfolg an. Es bleibt bei der zwei- und der viertürigen Version. Der Jetta vervollständigt das Programm ab 1984.

Die Vergasermotoren werden überarbeitet übernommen, ein 70-PS-Einspritzmotor auf derselben Basis kommt neu hinzu. Der Einspritzer des GTI und die zwei Diesel bleiben zunächst unverändert. In die Epoche dieses Autos fällt im Zuge der allgemeinen Entwicklung der Einzug des Katalysators in die Benzinmotoren (1985) und des Oxidations-Katalysators in die Diesel (1989).

Für den Kennerblick: Ab 1987 gibt es für den Golf II unter anderem neue Stoßfänger.

Erster Generationenwechsel: Der Golf II ist größer als der Vorgänger und erwirbt sich den Ruf geradezu extremer Langlebigkeit.

Das ist eher unspektakulär, ganz im Gegensatz zum neuen GTI-Motor aus dem Jahr 1985 – er trägt die Zusatzbezeichnung 16V und setzt mit seiner Vierventiltechnik das neue Traummaß für schnelle Golf: 139 PS und eine Höchstgeschwindigkeit von 208 km/h. Gleichzeitig erscheint ein GT mit 90 PS, beide in identischer Frontgestaltung. Und 1990 darf der Golf II den Wert noch einmal toppen: Als Golf GTI G60 bringt er 160 PS auf die Straße und erreicht die Marke 220 km/h. Grundlage ist immer noch der Motor des ersten GTI, hier nun mit mechanischer Aufladung. Aus diesem Auto leitet VW zwei spektakuläre Editionen ab: den Rallyegolf und den Golf G60 limited, beide mit Allradantrieb.

TECHNISCHE DATEN	VW Golf Country
Bauart	Kompaktlimousine
Bauzeit	1990 – 1991
Motor	Vierzylinder-Reihe
Hubraum	1781 ccm
Leistung	98 PS
Getriebe	Fünfgang-Handschalter
Antrieb	Allrad
Gewicht	1220 kg
V_{max}	163 km/h

Genau damit schreibt die Baureihe Golf-Geschichte. Der Golf syncro ist 1985 fertig. Für seinen quer stehenden Motor musste eine neue Allradtechnik her, die im Passat verwendete aus dem Audi-Regal ist auf längs eingebaute Motoren abgestimmt und kommt nicht in Frage. Der von Steyr in Österreich entwickelte Golf-Antrieb verwendet eine Viscokupplung zur Verteilung des Drehmoments zwischen vorn und hinten und einen Freilauf mit Schlupfregelung an der Hinterachse. Den Syncro gibt es als Golf CL und Golf GT. Wer deutlich zeigen will, dass er Allrad fährt (oder tatsächlich im Gelände unterwegs ist), kann ab 1990 zum Country greifen, einem um 140 Millimeter höher gelegten, sehr wuchtig auftretenden Golf. Viel Zeit bis zum Ende der Reihe bleibt ihm nicht, ein Nachfolger ist ihm nicht gegönnt.

Technische Meilensteine gehören also durchaus zur zweiten Golf-Generation, die es mit 6,3 Millionen wie schon der Vorgänger auf sehr gute Stückzahlen bringt. Im Gedächtnis bleibt der Golf II aber – trotz 16V-Motor, G60 oder Country-Golf – als das im Alltagsgebrauch schlechthin unzerstörbare Auto. Mehr oder weniger stark verbrauchte Exemplare halten sich in wahrnehmbarer Zahl bis heute auf den Straßen, auch im Ausland. Der Golf II, in seiner Konstruktion als Weiterentwicklung des Golf I völlig ausge-

reift, verzeiht fast jede Überbeanspruchung und erweist sich als besonders robust. Welches Auto ist nach tagelangem Stehen in Hochwasser, der Motor dabei halb unter Wasser, sofort fahrbereit (Lichtmaschine und Anlasser mussten später allerdings repariert werden)? Eben, der Golf II – im Umfeld des Autors so geschehen.

Golf III   1991 – 1998

Kontinuität bringt Erfolg. Die dritte Generation Golf spielt dieselbe Rolle wie die zweite. Mehr Platz bei unverändertem Radstand, dezent weiter entwickeltes Design und eine Reihe interessanter Topmotorisierungen kennzeichnen ihren Weg – außerdem die Premiere des Golf Variant. Das beste Mittel, neu von alt optisch zu unterscheiden, ist ein frisches Gesicht. Erstmals bekommt der Golf flache Breitscheinwerfer, die Kühlermaske ist niedriger, Grill und VW-Zeichen kleiner. Die Seitenwände zeigen sich geglättet, die durchgehende Linie des Vorgängers über den Radläufen ist entfallen, dafür ist die Gürtellinie ab den Frontscheinwerfern bis zu den Rückleuchten mit ansteigenden Knickkanten betont. Bündig verklebte Scheiben bringen mehr Eleganz und einen besseren

Ausbaustufe: In der dritten Generation gibt es endlich auch einen Variant.

Etwas moderner, etwas mehr Innenraum: Der Golf III setzt den Erfolg fort.

c_W-Wert. So ist der Golf mit relativ einfachen Mitteln eleganter geworden.

Ganz neu ist der Kombi. Ein Golf Variant zählt ab jetzt fest zum Portfolio, der Bedarf nach einem Kombi in der Kompaktklasse ist einfach zu groß, als dass ihn der Marktführer ignorieren könnte.

Und im Gegensatz zum ersten Golf, der ja auch ein kleiner Kombi gewesen ist, steht nun so viel an Grundfläche zur Verfügung, dass sich ein eigenständiger Kombi lohnt. Sämtliche Motorisierungen sind auch im Variant lieferbar, ebenso der Allradantrieb. Er kommt ein Jahr nach der Limousine, bleibt aber auch ein Jahr länger als diese im Programm. Als vierte Karosserievariante neben Zweitürer, Viertürer und Variant erscheint 1993 das Cabrio, das zweite in der Geschichte des Golf.

Die Motorenauswahl ist vertraut vom Vorgänger, eine Neuigkeit aber überstrahlt die Premiere: Es gibt einen Sechszylinder im Golf, trotz Querlage des Motors! Der VR6 hat das V so eng gestellt wie noch nie – 15 Grad beträgt der Winkel zwischen den zwei Zylinderreihen. 174 PS aus 2,8 Litern Hubraum versprechen Drehmoment und Fahrspaß – und halten es auch. 224 km/h sind maximal zu erreichen und Tempo 100 in 9,6 Sekunden. VR6 prangt prestigeträchtig an der Front. Dieser Hinweis darf durchaus sein, denn der Preis von 38.400 Mark ist nahezu doppelt so hoch wie der des Einstiegsmodells Golf 1.4. Ansonsten enthält die Motorenpalette zum Auftakt keine Neuigkeiten außer dem Wegfall des 1,6-Liter-Diesel und des 1,3-Liter-Benziners. Die Benzinmotoren arbeiten jetzt alle mit Einspritzung.

En face: Das Golf-Gesicht in der Mitte der 90er Jahre

TECHNISCHE DATEN	Golf VR6
Bauart	Kompaktlimousine
Bauzeit	1991 – 1997
Motor	Sechszylinder V
Hubraum	2792 ccm
Leistung	174 PS
Getriebe	Fünfgang-Handschalter
Antrieb	Vorderräder
Gewicht	1210 kg
V$_{max}$	224 km/h

Nicht ganz so spektakulär wie der 16V, aber auf dem Dieselsektor wichtig ist der Turbodiesel mit Direkteinspritzung, neu im Jahr 1993. Er leistet 90 PS und ab 1996 sogar 110 PS – genauso viel wie einst der erste Golf GTI! Auch die nächste Entwicklungsstufe des Dieselmotors erreicht noch den Golf III, nämlich der Saugdiesel mit Direkteinspritzung unter der Bezeichnung SDI aus dem Jahr 1995. Mit Verspätung kommt der Modellwechsel Ende des Jahres auch beim Syncro. Mit Vierradantrieb sind dem Golf in VR6-Ausführung 16 PS mehr und ein etwas größerer Hubraum gegönnt.

Sicherheitsstandards verbessern sich auch in der Kompaktklasse: Ab 1992 gibt es auf Wunsch zwei Frontairbags im Golf, ab 1997 auch Seitenairbags. ABS ist ab 1996 Serie. Zum Start gelten die bekannten drei Ausstattungslinien CL, GL und GT. Das Bild des Golf III runden gegen Ende der Bauzeit attraktive und bis heute unvergessene Sondermodelle ab. VW hat das Geschäft entdeckt, Sonderangebote mit zugkräftigen Namenszügen zu verbinden. „Rolling Stones", „Genesis", „Bon Jovi" (und auch „20 Jahre GTI") locken und halten die Absatzzahlen stabil. 4,8 Millionen Golf werden es binnen acht Jahren.

Golf IV   1997 – 2004

Der Platzhirsch macht sich breiter. Mehr als seine drei Vorgänger betont der Golf IV in der von ihm dominierten Kompaktwagenklasse Hochwertigkeit und beginnt damit einen Trend, den künftige Modelle fortsetzen. Bessere Ausstattung und ein selbstbewussterer optischer Auftritt rücken den Golf noch mehr ins Blickfeld. Das Auto wirkt neu, was an seiner gewachsenen Größe (40 Millimeter mehr Radstand, 165 Millimeter an Länge), den kräftiger ausgeformten Radläufen und der aufgefrischten Front liegt.

Größere Scheinwerfereinheiten, jetzt in Klarglasoptik, und ein prominenter präsentiertes Markenzeichen in der Mitte des Grills machen das Auto optisch breiter. Aufwendige Felgen werten es zusätzlich auf. Die Keilform ist jetzt weniger stark betont, die Scheiben ringsum sind größer geworden. Die jetzt steiler stehende Heckklappe wirkt großzügiger, weil das Nummernschild in den Stoßfänger verlegt ist. Ein auffälliges Stylingmerkmal ist die breite C-Säule.

Kräftig und großzügig – so tritt der deutlich größere Golf IV an.

TECHNISCHE DATEN	VW Golf TDI
Bauart	Kompaktlimousine
Bauzeit	1997 – 2000
Motor	Vierzylinder-Reihe, Turbodiesel
Hubraum	1896 ccm
Leistung	110 PS
Getriebe	Fünfgang-Handschalter/ Viergang-Automatik
Antrieb	Vorderräder
Gewicht	1710 kg
V_{max}	193 km/h

Beim Variant entfällt sie, er wirkt dank der lang gezogenen dritten Seitenscheibe eleganter und großzügiger als die Limousine. Zu diesem Eindruck tragen auch die größere Heckscheibe bei und der Längenunterschied von 195 zusätzlichen Millimetern. Bei komplett umgelegten Rücksitzen passen 1470 Liter in den Laderaum – der Golf Variant ist ein höchst beliebter Familienkombi in der Größenordnung des ersten Passat Variant.

Trendline, Comfortline und Highline heißen inzwischen die Ausstattungslinien über dem Einfachmodell, wobei Highline einen Zuschlag von 8000 Mark gegenüber dem Basismodell verlangt. Ein viel beachtetes Detail ist die blaue Beleuchtung der Instrumente mit roten Zeigern, die kühle Eleganz und einen Hauch von Premium ausstrahlt.

Auch bei diesem Golf bestimmt die Motorentechnik die Schritte der Weiterentwicklung. Das bewährt gute Fahrwerk wird komplett vom Vorgänger übernommen. Sowohl bei Dieselmotoren wie bei den Benzinern bringt der Golf IV zwei ganz neue Technologien auf die Straße: Die Pumpe-Düse-Einspritzung des Diesel und die Direkteinspritzung FSI des Benziners.

Zum Start aber bleiben fünf von sechs Benzinmotoren aus dem Repertoire des Vorgängers, nur der 1,8-Liter mit Fünfventiltechnik von Audi ersetzt den gleichgroßen Saugmotor. Dieser Reihenvier-

Zum Schluss die Spitze: 2002 erscheint der Golf R 32 mit dem 3,2-Liter-Sechszylinder aus dem Phaeton.

zylinder hat ebenso 150 PS wie der vom Passat schon bekannte VR5, der zweite neue Motor im Golf. Topmotor ist der VR6, ein Vierventiler mit 204 PS und 2,8 Litern Hubraum.

Die Pumpe-Düse-Hochdruckeinspritzung, eingeführt 1999, ist eine Erfindung von VW. Die einzeln gesteuerte Versorgung jedes Zylinders reduziert Schadstoffe und arbeitet besonders sparsam. Für rund eine Dekade ist sie maßgeblich für die Dieselmotoren im gesamten Konzern. Die direkte Einspritzung bei den Benzinmotoren ab 2002 bringt sie im Verbrauch in die Nähe der Diesel und mindert so allmählich dessen Bedeutung, zumindest für Modelle in den unteren Preisklassen, in denen der Mehrpreis für den Dieselmotor stärker zu Buche schlägt.

Die Einsparung ist deutlich: Zwischen dem herkömmlichen 16-Ventiler mit 105 PS und dem neuen FSI-16-Ventiler mit 110 PS liegt eine Differenz von 1,4 Litern auf 100 Kilometern (EU-Norm). Im selben Jahr wird der Golf auch mit Erdgasantrieb angeboten auf Basis des 1997 eingeführten 1,4-Liter-Motors in Vierventiltechnik (75 PS). Die Bi-Fuel genannte Technik erlaubt ein Umstellen auf Benzin. Der umweltverträgliche Kraftstoff Erdgas ist Thema der Zeit, der Ausbau des Tankstellennetzes geht aber nur sehr langsam voran.

Allradantrieb wird immer populärer. Volkswagen – natürlich auch im Zusammenwirken mit Allradpionier Audi – kann einen reichen Erfahrungsschatz beitragen. 1998 ist ein neuer Allradantrieb fällig. Die Viscokupplung hat ausgedient, jetzt stellt eine elektronisch gesteuerte Haldex-Kupplung stufenlos den Kraftschluss von der permanent angetriebene Vorderachse zur Hinterachse her. 4Motion nennt VW die Neuheit. Sie ist gekoppelt mit einer neuen Mehrlenker-Hinterachse und – im Falle des VR5-Motors – mit einem Sechsganggetriebe. Da steht also ein stattliches Paket auf den Rädern – 49.700 Mark sind im Jahr 2000 für ihn zu bezahlen. Er ist damit der teuerste Golf im Programm, für den günstigsten werden 26.900 Mark verlangt. Der Allradaufpreis liegt einheitlich bei 3000 Mark, verwendet werden der 1.8-Litermotor, die TDI und der VR5.

Die aktive Fahrsicherheit hat in der zweiten Hälfte der 1990er Jahre einen Schritt nach vorn und das Elektronische Stabilitätsprogramm (ESP) auch für Kompaktwagen salonfähig gemacht. VW bietet es seit 1998 an. Es steuert bei Schleudergefahr elektronisch den Bremsdruck für jedes einzelne Rad. Damit ist der Golf IV gerüstet für seine letzten Jahre. 4,3 Millionen Einheiten werden gebaut.

Golf V   2004 – 2008

Es ist an der Zeit, den aufgewerteten Golf der vorherigen Serie markanter zu machen. Im Grunde bleibt das Erscheinungsbild erhalten, auch die prägnant-breite C-Säule. Größere Frontscheinwerfer, die jetzt wieder mehr betonte keilförmige Seitenlinie und neue, weit um die Kanten geführte Heckleuchten sorgen für den frischen Eindruck. Das Heck hat die größte Veränderung erfahren, der Dachspoiler und die mit mehr Panoramaeffekt gestaltete Heckscheibe ergeben ein völlig neues Bild, während vorn der Golf auf den ersten Blick als solcher erkennbar bleibt. Allerdings steht der Kühlergrill mit dem VW-Zeichen jetzt flacher, die Motorhaube ist weiter heruntergezogen. Etwas hat sich auch im Innenraum getan, 67 Millimeter im Radstand und 57 Millimeter in der Länge hat der Golf zugelegt. Der Platzgewinn wirkt sich vor allem auf den hinteren Sitzen aus.

Mit dem Variant lässt sich Volkswagen viel Zeit. Erst im Frühjahr 2007 löst er den Golf-IV-Kombi ab. *(Fortsetzung Seite 132)*

Das Sportgesicht von VW: Golf GT aus der Reihe des Golf V

GOLF I CABRIO   1980 – 1993

Was andere erst entdecken müssen, hat bei Volkswagen Tradition. Bei den Cabrios stimmt diese Aussage zu hundert Prozent. Alle Cabriofreunde sind dem Werk stets dankbar gewesen für das Festhalten am offenen Käfer, und dankbar wird auch das Golf Cabrio erwartet. Es schließt sich 1980 nahtlos an den Käfer an, hergestellt in denselben Werkhallen, nämlich bei Karmann in Osnabrück – seinerzeit noch eine selbstständige Firma.

Ganz leicht hat es der Neuling allerdings nicht. Wer mehr auf Ästhetik achtet als auf die Vorzüge des Offenfahrens, muss sich an den Überrollbügel gewöhnen, dem der Faltdach-Golf seinen Spitznamen „Erdbeerkörbchen" verdankt. Auch das kurze Heck – als Basis dient der klassische Golf und nicht der Jetta mit längerem Überhang – ist ungewöhnlich. Der Überrollbügel erfüllt US-Sicherheitsvorschriften und macht den Wagen erst verwindungssteif.

Außer durch Verdeck und Bügel unterscheidet sich das Cabrio vom Standardgolf durch das hintere Seitenfenster und die nach hinten leicht ansteigende Schulterlinie. Die Breite der B-Säule bestimmt der Überrollbügel, bei geschlossenem Verdeck bleibt eine sehr breite C-„Säule". Das geöffnete Verdeck liegt gefaltet auf dem Heckabschluss, darunter bleibt ein bescheidener Kofferraum – 220 Liter groß statt 320 Liter. Offen wirkt das Golf Cabrio einladend, frisch und frech, macht Lust auf die Ausfahrt ins Grüne. Billig ist das allerdings nicht – das Cabrio ist um 7000 Mark (Preis 1985: 23.795 Mark) teurer als der Standard-Golf.

Nur 40 Kilogramm schwerer ist das Cabrio geworden im Vergleich zum Golf mit zwei Türen. Die Verwindungssteifigkeit des umkonstruierten Wagenkörpers wird einhellig gelobt, ebenso die Dichtigkeit des Verdecks. Dass es (bis 1987) ausschließlich per Hand zu bedienen ist, entspricht über Jahre voll und ganz

Der Dauerläufer: Das Cabriolet auf Basis des Golf I – hier die Ausführung von 1987 – hält bis 1993 durch.

dem aktuellen Standard. Zunächst wird das Cabrio mit dem 70-PS-Motor des Ur-Golf ausgerüstet, ab 1979 auch mit den Einspritzern mit 100 PS und (ab 1982) 112 PS (Gli Cabriolet). In der letzten Phase ab 1987 sind es der 72 PS starke Vergasermotor und der 98 PS starke Einspritzer.

Auffrischungen 1983 und 1984 bescheren dem beliebten Auto ein paar optische Veränderungen. Wuchtige Kunststoffstoßfänger und breite Seitenschweller, aber auch Doppelscheinwerfer wie beim GTI sind das Ergebnis, außerdem ein größerer Tank und bessere Sitze von. Die hinteren Plätze spielen in dem offiziell als 2+2-Sitzer bezeichneten Auto keine große Rolle. Die elektrisch-hydraulische Verdeckbetätigung fließt 1987 zusammen mit optischen Retuschen in die Serie ein – eine frühe Reaktion von Volkswagen auf die neu verfügbare Technik.

Das zweite Cabrio von Volkswagen als Abwandlung aus der Großserie ist vom Start weg ein voller Erfolg – 388.522 Einheiten werden es in 13 Jahren.

GOLF III/IV CABRIO 1993 – 2002

Dasselbe Prinzip auf neuer Basis – die Cabriogeschichte von VW geht mit dem Golf III weiter, nachdem der Golf II wegen des Dauererfolgs des ersten Golf-Cabrios glatt übersprungen werden kann. Genau so wird es auch mit diesem Cabrio gehen, es wird auch, optisch angepasst, die Golf-IV-Ära erleben. Ein Grund für die langen Laufzeiten liegt darin, dass Hersteller Karmann keine neuen Produktionsanlagen einsetzen kann, ein kompletter Modellwechsel im Stammwerk berührt ihn nicht.

Das neue Golf Cabrio ist nach dem Prinzip des Vorgängers gestaltet. Die nach hinten ansteigende Gürtellinie, das jetzt etwas länger geführte Stummelheck und der nun nach hinten

Ein langes Leben ist auch dem zweiten Golf-Cabriolet gegönnt: Von 1993 bis 2002 ist es zu haben, zuletzt mit Gesicht des Golf IV.

geneigte Überrollbügel ergeben ein ganz ähnliches Bild auf einem um 75 Millimeter längeren Radstand. Das schafft etwas mehr Komfort auf den hinteren Plätzen. Auch der Kofferraum ist um 100 auf 320 Liter gewachsen. Das Verdeck lässt sich jetzt so flach zusammenfalten, dass der Golf offen etwas eleganter wirkt.

Warum kein TDI im Cabrio? Ab 1994 bietet VW auch diese Kombination an, außerdem die drei Benzineinspritzer 1.6, 1.8 und 2.0. Mit den 115 PS dieses Motors bietet das Cabrio den Spitzenwert an. 1998 wird aus dem Golf III zumindest optisch ein Golf IV: Das Cabrio wird an Front und Heck ähnlich wie der aktuelle Golf gestaltet. Die Wirkung ist verblüffend – für Designer ist es sicherlich eine interessante Studie, wie sich der Eindruck des Neuen über ein paar wesentliche Elemente herstellen lässt. Wem der kürzere Radstand des Golf III und die Radausschnitte nicht auffallen, der wird kaum den Golf III erkennen, da ja andere Unterscheidungsmerkmale durch den Cabrioaufbau wegfallen. Eine Aufwertung des Innenraums gibt dem zweiten Golf-Cabrio zusätzlichen Schwung, um insgesamt immerhin auch neun Jahre durchzuhalten. Der Stückzähler bleibt bei 203.325 stehen, 139.578 Exemplare davon kommen in der ersten Entwicklungsstufe zustande.

GOLF VI CABRIO   2011 – 2016

Neun Jahre Pause beim Golf-Cabrio – da muss es ja Fortschritte und Veränderungen gegeben haben. Drei Jahre nach der Premiere des Golf VI gibt es auch wieder eine offene Version. Kein sichtbarer Überrollbügel mehr, eine flach stehende, verstärkte Windschutzscheibe, ein Erscheinungsbild wie aus einem Guss und ein elektrisch betätigtes Verdeck als Serienausstattung, das sind die Kennzeichen des neuen Cabrios, des dritten in der Golf-Familie. Die nach hinten ansteigende, stark betonte Kante in Höhe der Gürtellinie schließt das Heck ein, es ist ein dynamisch wirkendes, Sportlichkeit ausstrahlendes Auto aus dem Golf-Cabrio geworden.

Dazu passt natürlich auch die Frontgestaltung des Golf VI, vor allem die Scheinwerfer. Und es passt dazu die Motorenauswahl. Unter 100 PS ist nichts mehr zu haben, es beginnt mit dem 1.2 TSI (105 PS) und reicht bis zum 2.0 TSI (211 PS), auch der TDI mit 140 PS ist dabei. So ist es zum Auftakt, und es soll noch mehr daraus werden: 2013, schon zu Zeiten des Golf VII, kommt das

Golf Cabriolet R. Offen fahren mit 265 PS – längst keine Seltenheit mehr in der automobilen Welt, aber doch eher Sportwagen vorbehalten – geht nun auch im Golf. Basis bleibt der Golf VI,

erkennbar ist der Supersportler an den größeren Lufteinlässen vorn. Im Frühjahr 2016 wird die Produktion eingestellt, einziges Cabrio im VW-Programm ist danach der offene Beetle.

Golf Cabrio der Neuzeit: Auf Basis des Golf VI gibt es das Modell bis 2016 – hier als GTI.

TECHNISCHE DATEN	VW Golf TSI
Bauart	Kompaktlimousine
Bauzeit	2007 – 2012
Motor	Vierzylinder-Reihe
Hubraum	1390 ccm
Leistung	140 PS
Getriebe	Sechsgang-Handschalter/ Sechsgang-Automatik
Antrieb	Vorderräder
Gewicht	1464 kg
V_{max}	165 km/h

Langläufer: Ein Golf Variant 2.0 TDI ist schnell und sparsam unterwegs.

Das Design wirkt stimmig, das dritte Seitenfenster passt sich gut in die stark keilförmige Grundlinie ein. Zum Thema Kombi gehört auch das neue Thema Golf Plus. Diese Abwandlung feiert 2004 Premiere und soll all jene ansprechen, die höhere Einstiegs- und Sitzposition bevorzugen.

In technischer Hinsicht trumpft der Golf V zunächst nicht mit neuen Motoren auf, sondern mit einer Überarbeitung des bewährten Fahrwerks. Die Vierlenkerhinterachse löst die alte Verbundlenkerlösung ab. Zu den Motoren: Zwei Benziner (1.4 und 1.6 FSI) und zwei Diesel (1.9 TDI und 2.0 16V) starten die Baureihe, der SDI mit 75 PS kommt kurze Zeit später hinzu wie auch der 1,4 FSI und Zweiliter-FSI (ihr besonderes Kennzeichen: der Kompressor) bei den Benzinern. Auch der kleinere TDI wird bald erneuert, ebenso der 1.4 TSI im Juni 2007.

Mit dem Golf V kommt auch das Doppelkupplungsgetriebe auf den Markt. Als Erster hat ihn noch der R 32 des Golf IV installiert bekommen – der bleibt übrigens noch eine Zeit im Angebot. Das Doppelkupplungsgetriebe wird langfristig die Rolle der Automatik bei VW übernehmen, sozusagen als doppeltes Angebot: Es fungiert als bequeme automatisierte Schaltung mit sechs Gängen und andererseits auch als schnell per Wippe mit der Hand hochschaltbares Getriebe – ohne Kuppelvorgang für den Fahrer. Zunächst ist es mit den beiden FSI-Motoren kombiniert, ab März 2004 auch mit den TDI-Aggregaten. 2007 folgt das Doppelkupplungsgetriebe mit sieben Gängen.

Umwelt- wie Sicherheitstechnik gehen in großen Schritten voran. Beim Start weist der Golf V sechs Airbags auf, ESP, den elektronischen Bremsassistenten und Isofix-Rückhaltesystem für Kindersitze. Dieselpartikelfilter in den TDI-Motoren und die verbrauchsoptimierten Blue-Motion-Versionen sowie ein für Biodiesel zugelassenes Modell stehen für Bemühungen um Umweltentlastung. Der Biodiesel ist eine Forderung der Zeit, die sich aber als nicht nachhaltig erweist.

Volkswagen arbeitet unverändert mit seinen drei Ausstattungslinien gegen Aufpreis. Dazu erscheinen immer wieder attraktive Sondermodelle wie „50 Jahre Rock", „Tour" und „Goal" oder 2006 zum Thema „30 Jahre GTI" oder „GTI Pirelli". Der GTI ist in dieser Baureihe kein einzelnes Modell mehr, sondern wie der GT eine Ausstattungslinie. Sie kann mit den Motoren 1.4 TSI, dem 2.0 TDI oder dem 2.0 Turbo ausgerüstet werden. Über allen thront als absolute Spitze der R32 VR6 mit 250 PS. Die Gesamtstückzahl des Golf V erreicht 4,3 Millionen – ein guter Wert für eine relativ kurze Bauzeit.

Golf VI   2008 – 2012

Wir machen weiter so und alles noch ein wenig besser. Das könnte die Botschaft des neuen Golfs aus dem Jahr 2008 sein, wenn auch die Marketingsprache das natürlich blumiger formuliert hätte. Das Erscheinungsbild ist geblieben, die Außen- und Innenmaße sind nahezu unverändert. Es gibt überarbeitete Frontscheinwerfer, ein stärker betonter, flach gehaltener Kühlergrill reicht jetzt unten bis an die Scheinwerfer, Stoßfänger und Spoiler sind als Einheit angedeutet. Da zeigt sich ganz dezent schon die Front des nächsten Golf. Beim Golf VI sind die Heckleuchten flacher und breiter geworden. Etwas stärkere „Schultern" und etwas weniger Keil in der Seitenlinie runden das Gesamtbild ab. Der Variant wird dem erst 2009 angepasst.

Zunächst bleibt es auch bei den bekannten Motoren, alles Reihenvierzylinder mit maximal zwei Litern Hubraum. Außer den Benzinern der Typen 1.4 und 1.6 haben alle Golf Turbolader. Die Einspritzung der Dieselmotoren ist nun auf common rail umgestellt (der eingespritzte Kraftstoff kommt über eine gemeinsame Leitung zu allen Zylindern), das Kapitel Pumpe-Düse-Technik beendet. Der GTI ist nun wieder ein eigenständiges Modell und bei 210 PS an-

Ein Jahr später kommt auch der Variant in neuer Gestalt.

GOLF PLUS   2004 – 2013

Der Golf ist einfach vielseitig. Sein Talent zum auf Wunsch sehr sportlichen Kompakten hat er schnell unter Beweis gestellt, ebenso seine Familientauglichkeit. Eine Nische hat sich im Laufe der Zeit aber noch zusätzlich aufgetan – der Golf mit bequemem Einstieg und reichlich Platz, ohne dass es gleich entweder ein kompletter Van wie der Touran oder ein SUV sein muss. Wobei der Tiguan als SUV auf Golfbasis ja noch bis 2007 auf sich warten lässt.

Solche Gedanken haben den Golf Plus entstehen lassen. Er kommt im Dezember 2004 und liegt voll im Trend einer Gesellschaft mit immer mehr länger aktiv bleibenden Senioren. So ist der Golf Plus um 95 Millimeter höher, was vor allem dem bequemen Zugang dient. Mehr Kofferraum (390 satt 350 Liter) ist ebenfalls dabei herausgekommen. Erzielt wird der ganze Effekt vorrangig durch eine neue, leicht bogenförmige Dachlinie und den etwas steileren Heckabschluss. Die Motorhaube ist der Dach-linie angepasst – ein dezenter Vorgriff auf den Golf VI ab 2008. Auch Heckklappe und Rückleuchten sind eigenständig gestaltet.

Die FSI-Motoren bis 150 PS – zwei Jahre später sogar bis 170 PS – und das TDI-Aggregat machen den Golf Plus mit Sicherheit ausreichend flott, noch stärkere Versionen passen nicht zu seinem Auftrag. 2009 wird der Plus fit gemacht für seine letzte Phase. Das Gesicht wird dem aktuellen der Marke angepasst – breiter Grill und flachere Scheinwerfer – und die Innenausstattung aufgewertet. Außerdem kommen neue TDI-Motoren zum Einsatz.

Eine weitere optische Aufwertung trägt das Flair eines (vermeintlich) geländegängigen Autos. Die Karosserie des Cross Golf (2010) ist um 53 Millimeter höher gesetzt und im Schwellerbereich herausgeputzt. Mit diesen beiden Grundtypen hält der Hochdachgolf seine Stellung bis zum gründlich überarbeiteten und umbenannten Nachfolger.

Der Golf der Vernunft: Als neuer Typ Plus punktet er mit Raumvorteil und bequemem Einstieg.

GOLF SPORTSVAN   ab 2013

Ob das schnell entstandene Image des Seniorenautos einer weiteren Verbreitung des Golf Plus im Wege gestanden hat? Der Nachfolger jedenfalls heißt Sportsvan, was wohl ein Fingerzeig zum größeren Van Touran sein soll. Stilistisch weicht er etwas ab vom Golf VII. Von vorn betrachtet erinnert er eher an den Touran, in der Seitenansicht an den Golf. Charakteristisch ist das kleine dritte Seitenfenster in der C-Säule. Es gibt jetzt nur noch eine Karosserieversion, das Modell Cross ist entfallen. Ansonsten hat sich an den Grundlagen für die eigenständige Ableitung des Golf nichts geändert. Motoren bis 150 PS, auf Wunsch Doppelkupplungsgetriebe, dazu Sicherheit auf dem aktuellen Niveau, alles eher unscheinbar verpackt und auf hohen Nutzen ausgelegt. 2017 erfolgt die nächste Anpassung entsprechend der Aufwertung des Golf VII.

Als Sportsvan macht der Plus weiter, hier die Version von 2017.

Markenzeichen: In der schmalen Grillfläche wirkt das VW-Zeichen sehr präsent.

– in gewisser Weise auch der Preis von 37.375 Euro – das sind 2011 rund 10.000 Euro mehr als der GTI kostet. Ganz unten in der Liste steht der Golf 1.4 als Trendline für 16.975 Euro. Für die meisten Modelle steht inzwischen das Doppelkupplungsgetriebe als Alternative zur üblichen Handschaltung zu Verfügung.

Die stark aufgewertete Innenausstattung ist eins der Merkmale dieser Golf-Generation. Was wird wohl später einmal von dieser Baureihe dem Golfliebhaber im Gedächtnis bleiben? Bestimmt der Typ R, auch der GTD – vor allem aber das Cabrio. 2011 erscheint wieder einmal ein Cabrio vom Golf als fünfte Karosserievariante neben den Zwei- und Viertürern, dem Variant und dem Plus. 2,85 Millionen Exemplare des Golf VI laufen binnen guter vier Jahre vom Fließband.

gekommen. Rot lackierte Lamellen im Kühlergrill und geänderte Lichter im Spoilerbereich heben ihn von der Golf-Masse ab.

2009 erhält er ein Pendant in der Diesel-Fraktion: Der GTD ist da, der 170 PS starke Top-Diesel (30 PS mehr als der 2.0 TDI). Auch bei den Benzinern gibt es im selben Jahr eine motorische Neuerung, den 1.2 TSI (102 PS). Zum Ende der ungewöhnlich kurzen Bauzeit hat VW acht Benzinmotoren – einer für den gemischten Benzin/Gasantrieb – und vier Diesel zur Auswahl. Der absolute Star in Sachen PS-Leistung mischt ab 2009 mit: Der Golf R zaubert aus dem 2.0-TSI-Motor stolze 271 PS. Große, schwarz gehaltene Lufteinlässe und das kleine R im Grill machen auf ihn aufmerksam

Golf VII   seit 2012

Das neue Auto muss neu aussehen und doch ganz klar an den Vorgänger erinnern – diese hohe Kunst des Designs hat VW wahrlich perfektioniert in der langen Geschichte des Golf. Der siebente seiner Art in 38 Jahren macht einen flotten und frischen Eindruck, und doch sind die Änderungen gegenüber dem nur vier Jahre gebauten Vorgänger im Einzelnen gar nicht so gravierend. Wichtigstes Unterscheidungsmerkmal ist die verchromte, dünne Leiste im Kühlergrill, die sich in den Scheinwerfergläsern fortsetzt. Die Leuchten selbst sind ebenfalls neu, bleiben aber in ihrer Lage unverändert. Sie haben jetzt zwei rechteckige Einheiten unter dem

TECHNISCHE DATEN	VW Golf GTI
Bauart	Kompaktlimousine
Bauzeit	ab 2012
Motor	Vierzylinder-Reihe
Hubraum	1984 ccm
Leistung	220 PS
Getriebe	Sechsgang-Handschalter/ Sechsgang-Automatik
Antrieb	Vorderräder
Gewicht	1351 kg
V_{max}	246 km/h

Nummer VII: Der Golf läuft und läuft und läuft schon in der siebten Generation.

Klarglas. Spoiler und Lufteinlässe sind umgestaltet, die Nebelscheinwerfer rechtwinklig geformt. Die Motorhaube überragt die Kotflügel, während sie beim Vorgänger tiefer lag. Die Seitenkontur ist mit einer scharfen Sichtkante betont. Hinten übernehmen kantiger gezeichnete Leuchten das Design.

Wieder ist der Golf etwas größer geworden, 56 Millimeter Plus sind es in der Länge. Die wichtigste Veränderung ist allerdings von außen nicht zu sehen: Mit dem Golf VII (und dem Audi A 3) führt Volkswagen seinen modularen Querbaukasten für Motor und Getriebe ein – das Fundament rationellerer Fertigung für alle künftigen Baureihen im Konzern. Außerdem ist der Golf um 100 Kilogramm leichter geworden. Vier TSI- und drei TDI-Motoren werden vom Vorgänger übernommen, damit ist die Palette der weniger stark motorisierten Modelle komplett.

Die Riege der stärkeren Golfs folgt zügig, zuerst der GTI. Da leistet der TSI-Zweilitermotor 220 PS. Gleichzeitig kommt der GTD (184 PS), kurze Zeit später der TDI BlueMotion mit 110 PS und zur IAA 2013 auch der Spitzengolf R (TSI mit 300 PS). Eingeführt werden zunächst nur die zwei- und viertürigen Limousinen, Golf Variant (bis März 2013), Golf Plus (bis 2014, dann neu als Sportsvan) und das Cabrio bleiben im alten Outfit.

Ab April 2014 erfüllen alle Dieselmodelle die Abgasnorm EU6, was für die ein Jahr später publik gewordenen Probleme um die Abgase von VW-Dieselmotoren von Bedeutung ist. Die neuen Motoren sind nämlich von Nachrüstungen zur Einhaltung der europäischen Abgasnormen nicht mehr betroffen. Und die betroffenen seit 2007 gebauten TDI Motoren (Blue-Motion) in der Abgasnorm Euro V entfallen zu diesem Zeitpunkt. Für die begeisterte Golf-Szene – ihr Markenzeichen ist das alljährige Treffen am Wörthersee – hält VW anlässlich des 40. Geburtsages des GTI Ende 2015 den GTI Clubsport parat – jetzt ist der traditionelle Sportgolf bei 265 PS angekommen.

2017 ist es Zeit für Aufwertungen, vor allem in Sachen Elektronik. Kommunikation und Bedienung – unter anderem Gestensteuerung – werden auf einen neuen Stand gebracht und die Assistenzsysteme für mehr Sicherheit erweitert. Fußgängererkennung und eine erweiterte Funktion der Abstandshaltung mit Notfallassistent gehören dazu. LED-Licht – teilweise als Wunschausstattung – ist ebenfalls neu. Die Motoren werden nach und nach weiter entwickelt, unter anderem mit Zylinderabschaltung. Der Golf VII hat so noch ein paar Jahre vor sich.

Zwei wichtige neue Modelle im Bereich der alternativen Antriebe zählen ebenfalls zur Reihe VII. So der Anfang 2014 vorgestellte Elektrogolf und die im Sommer des Jahres folgende Hybrid-Version GTE. Im Zuge des Facelifts der Baureihe 2017 wird der Elektrogolf technisch weiter entwickelt.

EOS 2006 – 2015

Zum Teil Golf, zum Teil Passat und gedacht als ein gegenüber den früheren Golf-Varianten aufgewertetes Cabrio im VW-Programm – diese Rolle ist dem VW Eos (Namenspatin ist die griechische Göttin der Morgenröte) zugeteilt. 2005 noch als „VW Cabrio ConceptC" vorgestellt, geht der Eos 2006 in Serie. Es ist der Schritt weg vom Stoffdach zum voll versenkbaren Stahldach, das sich auf dem Markt etabliert hat. VW hat das aus Aluminium

bestehende Dach mit einem integrierten Schiebedach versehen – da hat der Cabrioliebhaber nun alles: offen, teiloffen oder geschlossen.

Das komplette Dach lässt sich per Knopfdruck im Kofferraumbereich versenken. Offen auf Reisen gehen? Nicht ganz so einfach, es bleiben 205 Liter Kofferraumvolumen von maximal 380. Der Überrollbügel ist zwar nicht verschwunden, aber nicht

Zwischenstufe: Das Cabrio Eos trägt auch Elemente des Passat.

mehr zu sehen. Er ruht im Wagenkörper hinter der Rückbank, um bei Gefahr blitzschnell auszufahren.

So kommt eine lupenreine Cabrio-Silhouette zustande, mit dem Radstand des Golf und geringfügig länger. Die Windschutzscheibe steht ähnlich flach wie beim Golf Cabrio der dritten Generation. Elegant ist das Coupé-Cabrio auch geschlossen, die kuppelartige Dachlinie erinnert an den Passat. Vorn zeigt der Eos das aktuelle Markengesicht, mit viel Chrom noch hervorgehoben. Der Eos ist übrigens nicht das einzige Cabrio von VW zu dieser Zeit. Für das Frischluftvergnügen im reinen Golfformat ist

bis zum Erscheinen des dritten Golf-Cabrios im Jahr 2011 der offene Beetle zuständig.

Vier Benzinmotoren und ein Diesel sind zu Beginn lieferbar, die Leistungspalette reicht von 115 PS bis 250 PS. Im Jahr 2011 wird das Gesicht der Formensprache des Hauses angepasst. Inzwischen ist der Eos auch mit dem 3.6-V6-Motor (260 PS) erhältlich. Als eins von nunmehr drei Cabriomodellen und neben dem Scirocco wird aber die Luft allmählich dünn für den Eos, obwohl er sich preislich auf ähnlichem Niveau bewegt. Produktionsstätte ist das Werk Palmela in Portugal, 231.819 Eos werden bis 2015 gebaut.

Jetta/Vento/Bora

Kombiheck oder Stufenheck – lange laufen beide Karosserieformen parallel bei Volkswagen – hier der Bora (links) und der Golf IV samt Varianten.

Die Priorität hat Volkswagen ganz klar gesetzt: Zuerst ist der Golf ein Auto mit Kombiheck, basta. Die Heckklappe ist modern, praktisch, familientauglich, der separate Kofferraum hingegen altmodisch. Das scheint genauso anzukommen, und der Golf beginnt, gefolgt vom ähnlich konzipierten Polo – und der Passat kommt ja auch mit großer Klappe statt waagerechtem Deckel –, seinen nicht endenwollenden Siegeszug. Das gilt zumindest für Deutschland, wo es immerhin nach Norden zu (in der alten Bundesrepublik) und nach Osten (seit dem Ende der DDR) eher Sympathien für das klassische Stufenheck gab. Anderswo auf der Welt sieht das jedoch ganz anders aus, und daher hat sich das Angebot der klassischen Alternative für VW auch immer gelohnt.

VW lässt sich fünf Jahre Zeit für den „Rucksackgolf", wie er manchmal distanzierend genannt wird. Ab 1979 aber ist er da, trägt später verschiedene Namen und ist technisch immer ein Golf. Stilistisch fallen die Modelle durchaus unterschiedlich aus, nachträgliche Designlösungen kommen ebenso vor wie Linien aus einem Guss. Jetta, Vento, Bora und wieder Jetta machen ihren Weg. Aus ausländischer Fertigung kommen eigenständige Ausführungen hinzu. 2018 kennt das VW-Programm für Europa keine Jetta-Modelle, dafür aber in China und in den USA.

Jetta I   1979 – 1983

Der Jetta kommt bereits in den Genuss der schon zweiten leichten Überarbeitung des Golf I, erkennbar an den vergrößerten Heckleuchten und Stoßfängern. Vorn trägt der Jetta vom Start weg ein auffälliges Unterscheidungsmerkmal zum Golf: Rechteckscheinwerfer. Die Blinklichter stehen senkrecht an deren Außenkanten. So bekommt der Jetta ein eigenes Gesicht. Er wirkt so auch breiter als der Golf, obwohl er es gar nicht ist. Nur in der Länge hat der Jetta zugelegt, genau um 280 Millimeter. Die Kofferraumhaube fällt ab der C-Säule leicht ab, die große Heckscheibe fügt sich harmonisch an den Dachabschluss an. Die C-Säule selbst ist schmaler als beim Golf und steht zum Wohle der hinten Sitzenden etwas steiler, während die Dachlinie ansonsten vom Golf stammt.

Es gibt den Jetta zwei- und viertürig. Die hintere Seitenscheibe des Zweitürers passt ebenso zum eigenständigen Erscheinungsbild wie die unterteilte Seitenscheibe in der hinteren Tür, wie sie vom Golf bekannt ist. Die größere Länge resultiert ausschließlich aus dem größeren hinteren Überhang. Der Kofferraum ist das Glanzstück des Jetta, das gehört zum Konzept. 630 Liter Volumen hat er zu bieten, das ist fast doppelt so viel wie im Golf, wenn die

Späte Ergänzung: Fünf Jahre nach dem Golf kommt der Jetta – hier als Zweitürer.

Linke Seite: Vorteil Kofferraum: Das Abteil nimmt doppelt so viel Gepäck auf wie der Golf mit nutzbaren Rücksitzen.

Jetta II   1984 – 1991

Rückbank nicht umgeklappt ist. Ist dies aber der Fall, punktet der Golf mit stolzen 1100 Litern.

Technisch gibt es keine Unterschiede zwischen Golf und Jetta, selbst das Wagengewicht differiert nur um ganze 25 Kilogramm. Der Jetta startet mit den 60 PS, 70 PS und 110 PS starken Motoren aus dem Golf, bekommt bald auch den 1,6-Liter mit 85 PS. Auch Diesel, Turbodiesel und Formel E sind identisch, die Ausstattungslinien C, CL und GL sind dieselben, die Preise fast gleich. Rund 20 Prozent der Gesamtproduktion entfallen auf die Stufenheckvariante, das sind in jenen Jahren zwischen 130.000 und 230.000 Einheiten.

Da der Golf II in rundlicheren, weicheren Linien auftritt als sein Vorgänger, ändert sich auch das Erscheinungsbild des dazugehörigen Jetta. Das hat zur Folge, dass das große Unterscheidungsmerkmal Kofferraum, konkret das Zusammenspiel der Formen am Übergang der C-Säule zur Kofferraumhaube, weniger akzentuiert ausfällt als beim Jetta I. Der Kofferraum baut auffällig hoch – dafür hat er aber auch 660 Liter Volumen zu bieten –, so dass er hier tatsächlich wie ein „Rucksack" wirken kann. Ein wichtiger Fortschritt: Die Kofferraumklappe reicht nun viel weiter hinab, die Ladekante ist also gesunken.

Auch der Längenzuwachs ist stärker ausgeprägt als beim Vorgänger, 330 Millimeter beträgt jetzt der Unterschied zum Golf. Die bekannten Unterscheidungsmerkmale Breitscheinwerfer und schmalere C-Säule sind geblieben. Das Facelift betrifft 1987 Jetta wie Golf. Auch sonst läuft alles streng parallel, die Ausstattungsli-

Unten: Jetta der zweiten Generation: Nicht jede Motorisierung aus dem Golf ist ihm vergönnt, den GT gibt es aber immerhin.

nie Jetta GT ist vertreten, dazu kommt eine breite Motoren-Palette. So kommt der Jetta auch zum Sechzehnventiler (1987) und zum Allradantrieb syncro – nicht aber zur einigermaßen geländetauglichen Hochbein-Version namens Country.

Vento   1992 – 1998

1991 ist der Golf III bereits da, sein Vorgänger samt Jetta wird aber noch ein Jahr lang im neuen Werk Mosel in Sachsen weitergebaut. Deshalb hat der Stufenheck-Golf auf Basis des Golf III noch etwas Zeit. Ein Jahr später betritt er dann doch die Bühne, heißt jetzt Vento und ist konsequenter als die beiden Vorgänger in das Design des Golf eingebunden. Das ist keilförmig angelegt, was im Vento wegen seines Längenmaßes besonders deutlich wird. Die Kante unterhalb der Gürtellinie setzt am Kofferraumdeckel an und zieht sich fast bis an die Frontscheinwerfer. Weil der Vento insgesamt 360 Millimeter länger ist als der Golf, entfaltet diese Linie im Vergleich der beiden Modelle auch eine größere Wirkung. Das Unterscheidungsmerkmal Rechteckscheinwerfer ist zwar noch da, aber schwächer ausgeprägt, denn der Golf hat jetzt eine ähnliche Form. Der Vento macht die Baureihe richtig komplett, mit dem Golf Variant gibt es nun eine dritte Grundform.

Es gibt den Vento nur noch als Viertürer – diese kleine Programmstraffung wird sich in den Verkaufszahlen nicht negativ niedergeschlagen haben. Obwohl man es dem Auto nicht ansieht, ist der Kofferraum im Vergleich zum Jetta um 110 Liter kleiner geworden und hat nun 550 Liter – immer noch stattlich, aber nicht mehr so vorbildlich. Dafür gibt es jetzt auch im Stufenheckauto die Möglichkeit des Durchladens und des Umklappens der Rückbank. Dann bietet der Vento 885 Liter – im Golf sind es 330 respektive 1160 Liter. Ladekante ist jetzt kaum noch ein Thema, die Kofferraumklappe reicht bis fast auf den Kofferraumboden. Stilistische Veränderungen bleiben aus im Laufe der Bauzeit, allein der Vento

Neuer Name: Als Vento setzt sich der Stufenheck-Golf optisch vom Vorgänger ab.

VR6 erhält einen Heckspoiler, und am Schluss sollen Retuschen am Kühlergrill für etwas Abwechslung sorgen. Wie beim Jetta ist die Technik identisch mit der des Golf. 1,1 Millionen Vento entstehen in den sieben Jahren – vom Golf sind es (bei einem Jahr mehr) 6,8 Millionen.

Bora   1998 – 2005

Neue Modellreihe – neue Strategie. Die Stufenhecklimousine des Golf IV heißt Bora (wieder einmal ist ein Wind Namensgeber) und wird offiziell gar nicht als Golf-Ableitung bezeichnet. Volkswagen möchte den Nachfolger des Vento höher positionieren. Es soll nicht mehr ein Auto sein, dass neben dem Golf existiert, sondern ein durch und durch eigenständiges Modell. Was im Ansatz schon für den Vento gegolten hat, ist beim Bora konsequent umgesetzt, nämlich eine recht eigenständige Karosserie inklusive neuer Frontmaske. Der Bora ist eine stattliche Erscheinung. Die kantiger geformte Front mit kleiner „Nase" und große Rückleuchten sind weitere Unterscheidungsmerkmale. 1999 folgt der Bora Variant, hier sind optische Unterscheidungen zum Golf allein in der Bora-Front zu finden. Bei gleichem Radstand ist die Limousine 225 Millimeter länger. In den USA, Mexiko und Südafrika, wo das Auto ebenfalls gebaut wird, heißt es weiterhin Jetta.

Eigenständig: Die Gesamtlinie des Bora bezieht das Stufenheck harmonisch ein.

TECHNISCHE DATEN	VW Bora V6 4Motion
Bauart	Limousine
Bauzeit	1999 – 2005
Motor	Sechszylinder V
Hubraum	2792 ccm
Leistung	204 PS
Getriebe	Sechsgang-Handschalter
Antrieb	Allradantrieb
Gewicht	1225 kg
V_{max}	235 km/h

Zum Konzept der Höherpositionierung gehört anfangs die Motorenauswahl. Den Bora gibt es bei seiner Premiere nur mit Aggregaten ab 100 PS (1.6, 1.8, 2.0 und 2.3). Spitzenauto ist der V5 mit 150 PS – ein Jahr später ist er auch mit Allradantrieb erhältlich. Erst im Jahr 2000 kommt mit dem 1.4 TSI ein schwächerer Motor zum Einsatz, wie sich überhaupt die technische Ausstattung von Golf und Bora im Laufe der Bauzeit angleichen. Ausnahme Variant: V6 und VR5 gibt es nur als Bora. Die bessere Ausstattung schlägt sich in um 2500 bis 3000 Mark höheren Preisen nieder. Zusätzlich werten den Bora Sondereditionen auf wie Edition, Pacific, Sport Edition und Special. So rollt der Bora nach sieben Jahren dem Produktionsstopp entgegen, zuletzt nur noch mit Vierzylindermotoren. Die Idee des erst auf den zweiten Blick erkennbaren hochwertigen Golf hat durchaus ihre Freunde gefunden, zum Fortsetzen der Strategie in dieser Form hat das aber nicht ausgereicht.

Jetta V   2005 – 2010

Eine neue Variation des Themas kommt mit der fünften Generation. Der jüngste Jetta – in einigen Ländern auch außerhalb Europas teilweise als Bora geführt – hat stärkere Motoren, allerdings gibt es ihn nun nicht mehr als Variant. Technisch ist der Jetta natürlich wieder ein Golf, wenn auch das Erscheinungsbild des Neuen, vor

Wieder Jetta: Die Neuheit von 2005 rückt beim Design deutlich vom Golf ab.

TECHNISCHE DATEN	VW Jetta 2.0 TDI
Bauart	Limousine
Bauzeit	2005 – 2010
Motor	Vierzylinder Reihe
Hubraum	1968 ccm
Leistung	140 PS
Getriebe	Sechsgang-Handschalter
Antrieb	Vorderräder
Gewicht	1395 kg
V_{max}	207 km/h

allem in der Ansicht von hinten, deutlich an den Passat erinnert. 350 Millimeter länger beim selben Radstand und natürlich wieder der große Kofferraum machen den Unterschied zum Golf aus. Das Design übernimmt die Front nahezu unverändert, in der Seitenansicht ist die Gürtellinie aber stärker betont. Sie mündet in Heckleuchten, die vom Golf abweichen. In der C-Säule zeigt sich der Jetta völlig eigenständig.

Vier FSI-Motoren mit vier Zylindern (102 PS bis 200 PS) und der Fünfzylinder stehen bei den Benzinern zur Auswahl, zwei TDI (105 PS und 140 PS), später auch der GTD (170 PS) bei den Dieseln. Nicht jettawürdig sind die zwei schwächsten FSI-Motoren sowie der SDI und der kleinste TDI. Ebenfalls nicht vorgesehen ist am oberen Ende der Skala der Motor des Golf R 32. Einen Jetta GTI gibt es weiterhin nicht, das Spitzenmodell mit demselben Motor heißt TSFI Sportline. Preislich liegt der schnelle Jetta um 800 Euro über dem GTI (2006 kostet der Jetta TSFI Sportline 25.575 Euro). Ein vergleichbarer Passat kostet rund 5000 Euro mehr. Der Jetta dieser Generation ist eher in Übersee ein Erfolg als in Deutschland und Europa, eine Entwicklung, die sich schon länger abzeichnet. Vor allem der US-amerikanische Markt verlangt nach ihm – hier heißt das Spitzenmodell übrigens GLI. In China trägt er den Namen Sagitar, produziert wird er in diesen beiden Ländern und in Mexiko.

Jetta VI ab 2010

Für den deutschen Markt ist der sechste Jetta der vorerst letzte. 2016 wird er hierzulande ganz von der Liste gestrichen. Trotzdem trägt er ein besonderes Merkmal, denn erstmals hat ein Jetta einen vom Golf abweichenden Radstand – 66 Millimeter sind dazugekommen. Die optische Eigenständigkeit zeigt sich weiter entwickelt. Einerseits nimmt der neue Jetta stilistische Elemente des künftigen Golf vorweg, andererseits unterscheidet er sich ab der B-Säule deutlich sowohl vom da noch aktuellen Golf VI als auch vom künftigen Golf VII. Die Motorenauswahl entspricht im Prinzip der des Vorgängers. Den wichtigen Märkten USA und China und auch Mexiko, unverändert Werksstandort auch für die USA, bleibt er erhalten, dort unter anderem auch mit Hybridantrieb lieferbar. Auf der Detroit Motor Show wird im Januar 2018 der Jetta VII vorgestellt.

In Deutschland ein Auslaufmodell: Den Jetta gibt es nur noch in bestimmten Auslandsmärkten.

Scirocco & Co.

Der Karmann zum Golf – diesmal stammt der Entwurf von Giugiaro.

Der Karmann Ghia als Ableitung des Käfers hat Verkauf und Ansehen der Marke so gut getan, dass ein Coupé von vornherein das Konzept der Golf-Baureihe ergänzt. In der Tat kommt der Scirocco noch etwas früher auf den Markt als der eigentliche Hoffnungsträger Golf. So modern wie er hat auch das Coupé zu sein, deshalb kommt es brandaktuell als Kombi-Coupé mit Heckklappe. Für den Scirocco hält die Basis des Golf I übrigens bis ins Jahr 1992, reicht also noch in die Zeit des Golf III hinein, aufgeteilt auf zwei Generationen. Möglich wird das durch die Fertigungsstätte Karmann, wo parallel auch das Cabrio des Golf I bis 1993 entsteht, also die Grundlagen für die Produktion des Golf I im Gegensatz zu Wolfsburg noch vorhanden sind.

Nicht unbedingt zum Scirocco-Nachfolger wird der Corrado (1988 – 1995). Beide Modelle werden noch vier Jahre parallel gebaut – der Corrado im VW-Werk Wolfsburg, weil er auf dem dort heimischen Golf II beruht. Die Unterscheidung in dieser Zeit liegt in den meist stärkeren Motorisierungen des Corrado, der auch teurer ist. Bringt es der Scirocco II maximal auf den 16-V-Motor mit 129 PS, kommt der Corrado in den Genuss des G90-Motors (Ladeluftkühler, 160 PS) und des VR6 (190 PS). Erst 2008 gibt es nach dem Stopp 1992 wieder einen Scirocco, nun überwiegend stark motorisiert. Die Basis bildet der Golf VI. 2017 läuft die Produktion wiederum ohne Nachfolger aus. Offenbar sollen schnelle zweitürige Golf- und Polo-Versionen die Rolle des klassischen Coupés erst einmal übernehmen.

Scirocco I   1974 – 1980

Ganz der Golf, so tritt der erste Scirocco (benannt nach einem Wüstenwind) auf. Das heißt für das Konzept natürlich quer eingebauter Frontmotor, Wasserkühlung und Frontantrieb. Und es heißt große Heckklappe. Der Scirocco ist ein 2+2-Sitzer mit ausreichendem Kofferraum. Stummelheck und lang gezogene Motorhaube prägen sein Bild. Die Proportionen stimmen bei einer Gesamthöhe von 1410 mm (100 mm weniger als beim Golf I). Der Radstand entspricht dem des Golf – immer noch der „klassische" Käfer-Wert von 2400 mm. Dafür ist er 70 mm länger.

Parallel ist das Design von Golf und Scirocco bei Guigiaro entwickelt worden. Das Coupé ist dem Italiener vielleicht nicht ganz so prägnant gelungen wie der Golf, die etwas weicheren Linien der keilförmig gestalteten Karosserie wirken aber durchaus stimmig. Die Heckklappe ist mit einer Abrisskante betont, in der Frontansicht wirken die Doppelscheinwerfer der Version TS passender als die großen Rechteckscheinwerfer der Typen S und L. Optische Veränderungen fallen in der eher kurzen Bauzeit nur einmal an. 1977 werden Grill, (jetzt nur noch lieferbare) Doppelscheinwerfer und Blinkleuchten neu zusammengefasst und die Stoßstangen bis zu den Radausschnitten durchgezogen. Der Innenraum ist gut nutzbar. Die Rücksitzlehne lässt sich umklappen, so dass das Coupé einen richtig großen Kofferraum erhält.

Eine prägnante Erscheinung ist der Scirocco mit seiner konsequenten Keilform.

Der Scirocco ist zwar das Coupé des Golf, seine ersten Motoren erhält er aber aus dem Regal des Passat, der schon seit einigen Monaten gebaut wird. 70 PS (Typ LS) und 85 PS (Typ TS) aus 1588 ccm Hubraum leisten die schon im Frühjahr 1974 auf dem Genfer Salon präsentierten Scirocco-Modelle. Im Unterschied zum Passat sind die Motoren quer eingebaut. Bald kommt der 70-PS-Motor des Golf hinzu (Typ L). Schon 1975 folgt der aufgebohrte Motor mit 75 PS und 85 PS. 1979 erreicht der GTI-Spaß auch den Scirocco – 186 km/h schafft er maximal, drei mehr als der Golf GTI.

So ein richtig ernstzunehmender Sportwagen ist der Scirocco nicht, aber auch längst nicht nur ein Boulevard-Schönling wie der Karmann. Immerhin macht bald der Scirocco-Cup von sich reden. Den Markenpokal haben die Wolfsburger nicht erfunden, aber mit den spektakulären Rennen auch hierzulande populärer gemacht. Die Rennserie startet mit identischen Coupés und serienmäßiger Motorisierung (110 PS).

Getriebe, auch die für die größeren Motoren lieferbare Automatik, stammen ebenso wie das Fahrwerk vom Golf. Weiterentwicklungen erfährt der Scirocco kaum. Eher ein Gag ist der vom „echten" Sportwagen bekannte Einarmscheibenwischer ab 1975. Der erste Scirocco wird jedenfalls ein Erfolg. Im Sog des neuen Autostars Golf erfährt er hohen Zuspruch. Binnen sieben Jahren werden rund 500.000 gebaut.

Scirocco II   1981 – 1992

Ein neues Kleid für eine bekannte Gestalt, ganz anders geschnitten als das alte und deshalb für viele auch nicht so attraktiv – das ist die zweite Ausgabe des Scirocco. Das geräumige Coupé verwendet dieselbe Technik wie die Erstausgabe, hat jetzt aber mehr Platz. Gerade sind die Linien, sie bringen etwas von der Großzügigkeit des Passat II mit, der gerade aktuell ist, obwohl unverändert der Golf I die technische Basis liefert. Das Design stammt aus dem hauseigenen Studio, kommt ohne Extravaganzen aus und ist dank abgerundeter Kanten etwas weicher gespült als der Vorgänger.

Vorn sitzt zwischen Rechteckscheinwerfern oder flachen Doppelscheinwerfern ein schwarzes Lüftungsgitter mit VW-Zeichen. Hinten fällt ein voluminöser Spoiler auf. Der zweite Scirocco ist um 165 mm länger als der Vorgänger und ein paar Millimeter niedriger, schnittiger will er aber einfach nicht daherkommen. In späten Varianten versucht das Werk über in Wagenfarbe lackierte Spoiler, auffällige Felgen und Zierlinien das Auto interessanter zu machen – etwa mit dem Sondermodell Scala (ab 1989).

Platz hat er, zuverlässig ist er, und bis der neue, allerdings deutlich teurere Corrado auf Basis des Golf II kommt, hat er auch sein Publikum. Eine Besonderheit ist der 16-V-Motor mit 1781 ccm Hubraum (139 PS) aus dem Jahr 1985. Im Golf GTI wird er erst ein

Das sind die Achtziger: Ton in Ton weiß auf weiß mit weiß kommt das extrem Discoparkplatz-taugliche Sondermodell White Cat.

Jahr später angeboten. Dieser Motor, auch mit zwei Ventilen pro Zylinder (95 PS), bildet das Schlussprogramm eines unauffälligen und weniger erfolgreichen Modells – rund 290.000 Einheiten werden es in zwölf Jahren.

Scirocco III   2008 – 2017

Ist es wieder einmal Zeit für ein Coupé an der Seite des Golf? Volkswagen glaubt daran und bringt 13 Jahre nach dem Ende des Corrado einen neuen Scirocco. Die Golf-Historie ist inzwischen bei Ausgabe VI angekommen, die fast gleichzeitig mit dem Scirocco eingeführt wird. Flacher Aufbau und Steilheck – diese zwei Begriffe kennzeichnen das Design des viersitzigen Coupés. Dabei ist der Golf auch schon recht geduckt angelegt, die Außenmaße des Scirocco aber, 81 mm weniger an Höhe, 252 mm mehr an

Linke Seite: Immer noch auf der Basis des Golf I steht der Scirocco II.

Länge sowie 81 mm mehr an Breite, haben eine flotte Flunder entstehen lassen. Flachere Scheinwerfer und schmaler Kühlergrill – fürs VW-Zeichen bleibt nur Platz auf der Motorhaube – verstärken den Eindruck. Die Linienführung ist deutlich weicher als beim Golf, dafür deutet die breite Hinterhand Spurtstärke an. Eine gute Mischung? Schick schon, aber dem dritten Scirocco bleibt größerer Erfolg versagt.

Dabei sind seine Aussichten auf dem Papier recht gut. Preislich hat er mit den einfacheren Motoren praktisch keine Konkurrenz und die großen Motorisierungen machen eine echten Sportwagen aus dem Golf-Coupé. Der absolute Star ist der Scirocco R. Der Zweiliter-Benziner mit Direkteinspritzung leistet 280 PS, was das Auto locker an die freiwillige Begrenzung von 250 km/h Höchstgeschwindigkeit und in 5,7 Sekunden auf 100 km/h bringt. Ein Wolf im Schafspelz für rund 35.000 Euro – gemessen an der Leistung ein günstiger Preis. Im Typ R hat der 2.0 TSI Vierventiltechnik. Unterhalb gibt es aus dieser Motorenbaureihe Versionen mit 180 und 220 PS. Außerdem stehen zwei TDI-Motoren zur Verfügung. Es bleibt generell bei Vierzylindern mit Aufladung. Zum Start wird statt des 1.4 TSI für kurze Zeit auch ein 1.8 TSI verbaut.

Eine Farbe wie einst im Siebziger-Mai: Der dritte
Scirocco kommt im Evergreen Viperngrün.

Alle Scirocco haben das Sechsgang-Doppelkupplungsgetriebe, das Fahrwerk entspricht ebenfalls dem des Golf. Allradantrieb ist nicht lieferbar. 2014 gibt es ein leichtes Facelift.

Alles wie beim Golf, aber als Coupé inszeniert – dieser Idee fehlt letztlich der durchschlagende Erfolg. Wem das Design des Coupés nicht zusagt, der nimmt sich gern auch den entsprechenden Golf, zumal die Verkaufspreise sich im Prinzip nichts nehmen. Der Golf R hat sogar 20 PS mehr als der Scirocco R (2016) – in dieser Kategorie zählt das durchaus. Vier Jahre ab 2010 gibt es sogar wieder einen Scirocco-Cup, prominent platziert als Rahmenprogramm der Deutschen Rennsportmeisterschaft. Eingesetzt wird ein in der Leistung leicht erhöhter Typ R. Aber auch diese PR-Hilfe hat nicht verhindert, dass im Laufe des Jahres 2017 der Scirocco aus dem Programm gestrichen wurde – wieder einmal. Rund 270.000 sind es in zehn Jahren geworden, die meisten werden 2009 verkauft (47.277).

TECHNISCHE DATEN	VW Scirocco R
Bauart	Coupé
Bauzeit	2008 – 2017
Motor	Vierzylinder-Reihe
Hubraum	1984 ccm
Leistung	280 PS
Getriebe	Sechsgang-Handschalter/ Sechsgang-Doppelkupplung
Antrieb	Vorderräder
Gewicht	1770 kg
V_{max}	250 km/h

VW-Porsche 914   1969 – 1975

Die Diskussion lässt sich heute genau wie im Jahr 1969 führen: Ist der VW-Porsche ein VW oder ein Porsche, ja: ist er überhaupt ein echter Sportwagen? Das fragen sich bei der Premiere Fachleute und Interessenten, ohne sich darüber einig zu werden. Das Ergebnis? Ein Coupé mit Mittelmotor ist sicherlich ein Sportwagen, besonders dann, wenn Porsche an der Konstruktion beteiligt ist. Außer Volkswagen ist auch noch Karosseriebauer Karmann im Boot. Er montiert als bewährter Auftragnehmer für Volkswagen alle 914-Karosserien und auch fast alle Autos komplett – nur der 914/6 kommt direkt von Porsche.

Der VW-Porsche in der einfachen Ausführung 914/4 hat den Volkswagen-Motor aus dem Typ 411 (Einspritzer), später aus dem 412 (Vergaser). Damit ist die PS-Leistung auf 80 respektive 85 PS begrenzt, was aber für die Zeit kein schlechter Wert ist. Der VW-Porsche mit Porsche-Sechszylinder aus dem 911 T bringt 110 PS mit. Die Mittelmotorlage beschert dem Dreisitzer – ein Stückchen Polster zwischen Fahrer- und Beifahrersitz macht den Wagen offiziell allen Ernstes dazu – eine so exzellente Straßenlage, dass sportlich orientierte Autotester fast bemängeln, das Auto fahre wie auf Schienen.

Die kantige Form wirkt in Abmessungen und Flächenaufteilung harmonisch, auch der modische Gag der Schlafaugen – die Frontscheinwerfer werden bei Bedarf hochgeklappt – passt gut zur sachlichen Linie. Hinter der B-Säule ist ein Überrollbügel versteckt. Als eine der wenigen Modellpflegemaßnahmen gibt es 1973 einen neuen Motor, der beide bisherigen ersetzt. Er stammt

Flach und zeitlos elegant – der VW-Porsche ist ein interessanter Sportwagenentwurf.

von Porsche und wird auch im Typ 912 eingesetzt, ein 100 PS starker Vierzylinder mit Einspritzung und wird als Typ 914-2,0 geführt. 118.978 VW-Porsche entstehen, davon nur 3332 914/6. Hier wird der Preis eine große Rolle gespielt haben, denn zwischen dem 914/4 und ihm liegen 1970 auf dem deutschen Markt knapp 8000 DM, der Gegenwert eines Karmann Ghia. Obendrein kostet der 911 T mit 129 PS nur wenig mehr.

Corrado   1988 – 1995

Eine ganz andere Rolle als der zunächst parallel produzierte Scirocco sollte der Corrado (laut VW vom spanischen Verb correr/laufen abgeleitet) spielen – nämlich mehr Sportwagen sein als unauffälliges Alltagscoupé. Insofern steht er wohl mehr in der Tradition des VW-Porsche als des Scirocco.

In der Baureihe des Golf II stehen außer dem schon beim Scirocco eingeführten 16-Ventiler nun Motoren mit Aufladung und ein Sechszylinder zur Verfügung. So ist das neue VW-Coupé mit ganz anderen Fahrleistungen zu haben als der Scirocco, aber auch zu deutlich höheren Preisen. Rund 4000 DM liegen 1990 zwischen ähnlich starken Scirocco und Corrado, und das Topmodell mit G-Lader zählt mit seinen 45.000 DM bereits zu einer anderen Kategorie.

Das dynamische Design des bei Volkswagen selbst gezeichneten Coupés trägt zu dieser Einstufung ebenfalls bei. Die Keilform folgt hier einer dynamischen Seitenlinie, ausgehend vom kräftigen Hüftschwung hinten über ein leichtes Ansteigen bis zur A-Säule und hinab an die Frontscheinwerfer. Der kurze Überhang hinten scheint dem Auto Schub zu geben, die schräg gestellte Front zeigt Windschlüpfigkeit. Trotz dieser klaren Sportwagenattitude ist der Corrado auch praktisch dank der Heckklappe und des einigermaßen großzügig bemessenen Kofferraums.

Technisch ist er ein Spiegelbild der Golf-II-Generation in der zweiten Phase. Das zeigt sich vor allem in der Motorenauswahl. Zum Start trumpft er gleich groß auf und bringt den G-Lader, den 1,8 Liter-Motor mit mechanischem Spirallader und Ladeluftkühlung. Das bedeutet 160 PS und ist durchaus ein Wort. Mit 225 km/h Höchstgeschwindigkeit und 8,5 Sekunden von null auf hundert misst sich der Corrado auf dem

Zweite Stufe: Der Corrado VR6 von 1994 hat satte 190 PS.

deutschen Markt mit dem Opel Calibra und dem Audi Coupé, während der Porsche 944 weit darüber platziert bleibt. Ab 1991 gibt es den Corrado mit dem VR6 des Golf III. 190 PS aus 2861 ccm Hubraum, das bringt 235 km/h Höchstgeschwindigkeit (elf mehr als im gleichmotorisierten Golf) und eine Beschleunigung bis hundert von 6,9 Sekunden. Eher bieder ist dagegen schon der 16-Ventilmotor, der nun einen Hubraum von zwei Litern hat und 136 PS. Ab 1991 steht eine Vierstufenautomatik zur Auswahl. In sieben Jahren entstehen genau 97.521 Corrado, gut jeder fünfte geht nach Nordamerika.

Dynamische Kraft – der Corrado zeigt, was ihn ihm steckt.

Die Polo-Familie wird schnell zum Begriff unterhalb der Kompaktwagen – hier die ersten drei Generationen plus das Facelift der dritten.

Polo

Als der kleine Volkswagen ein Jahr nach dem VW Golf Premiere feiert, hat sich in Wolfsburg die größte Nervosität schon wieder gelegt. Harte Zeiten liegen hinter dem Konzern, eine riskante Modellpolitik hat den Giganten an den Rand des Abgrunds getrieben. Mit dem Erfolg des Golf geht es wieder aufwärts, jetzt soll das auch im Kleinwagensektor geschehen. Da sind auf dem deutschen Markt und in Europa bislang nur ausländische Anbieter aktiv gewesen: Fiat, Renault, British Leyland und ganz frisch auch Peugeot. Den Anfang hat schon 1974 der hochwertig ausgestattete Audi 50 gemacht.

Dass die Konzernzentrale mit der Entwicklung das seinerzeit frisch installierte Audi-Konstruktionsbüro in Ingolstadt beauftragte, kann als Ansporn für die Audi- und als Warnung an die VW-Konstrukteure gedeutet werden. Auf alle Fälle entpuppt sich der Audi 50 aus Ingolstadt als großer Wurf. Ein Jahr später erbt ihn VW und macht über Ausrüstung, Ausstattung und Preis aus dem exklusiven Kleinwagen ein Massenauto. Die Stufenheckausführung unter dem Namen Derby kommt 1977 hinzu.

Über Jahrzehnte haben der Erfolg des Käfers und sein relativ günstiger Preis einen echten Kleinwagen im VW-Programm verhindert. Beim Start des Polo kostet die Grundversion mit 7550 Mark ähnlich viel wie der Käfer 1200 L. Allerdings ist der Käfer inzwischen längst auf der Auslaufspur. Die Polobaureihe macht eine erstaunliche Entwicklung durch: Gestartet als Kleinwagen und sogar als Sparausführung des Audi 50, wächst er von Generation zu Generation und hat in der aktuellen Ausführung die Maße des zweiten Golf. Schon längst bleibt unterhalb des Polo noch Platz für einen Kleinwagen.

Mit den Ansprüchen an den Polo steigt die Zahl der Motorisierungen und auch der Karosserievarianten. Schon früh ist die Stufenhecklimousine Derby dabei, auf dem deutschen Markt stark im Schatten des Schräghecks, in einigen Exportländern aber durchaus gefragt. Die zweite Generation unterscheidet Steilheck und Coupé, die dritte muss ohne Stufenheck auskommen. Das kehrt als Polo Classic in der vierten Baureihe zurück. Hier gibt es den Polo auch erstmals als Viertürer. Nur einmal kommt der Polo auch als Kombi – der Polo Variant gehört zur Generation vier.

Mit 40 und 50 PS beginnt es – in einer Exportversion gar mit nur 34 PS –, zugeschnitten auf die zunächst verwirklichte Sparversion. Als der VW-Kleinwagen seinen Weg macht, stehen aus dem Konzernbaukasten genügend Motorisierungen zur Verfügung. Der Polo wird sportlich, unter anderem kommuniziert durch den spektakulären Markenpokal bei Rundstreckenrennen, den Polo-Cup. Zu einem frühen sehr markanten Polo wird der G 40 von 1990, der Einspritzer mit G-Lader leistet 113 PS – und übertrifft damit den Wert des ersten Golf GTI von 1978 um drei PS. Später trägt auch der Polo den zugkräftigen Namen GTI (125 PS, Debut 1998), in der aktuellen Baureihe ist er bei 200 PS angekommen.

Die Heimat des Polo ist schon lange Spanien. 1984 ist die Produktion zu großen Teilen von Wolfsburg in das Seat-Werk Pamplona verlegt worden, 1998 ist dieser Prozess abgeschlossen. Außerdem sind im Laufe der Zeit Polos auch in den Werken Anchieta in Brasilien, Kaluga in Russland und Uitenhage in Südafrika hergestellt worden. 1991 feiert VW den dreimillionsten Polo, 1999 sind es schon sechs Millionen, aktuell ist die Marke von 15 Millionen überschritten.

Unten: Sextett: Der jüngste Polo hat in Größe, Gewicht und Leistung den ersten Golf bereits weit hinter sich gelassen.

Polo I (Typ 86)   1975 – 1981

Etwas kümmerlich sieht er ja aus, der allererste Polo. Im März 1975 tritt er an mit schwarzen Stoßstangen, ohne Chrom und einfachst ausgestattet, ganz so wie früher der Standard beim VW Käfer. Als Standardausführung ist er auch gedacht, die Rolle des „Export" spielt der ein Jahr zuvor eingeführte Audi 50. Der kleine VW soll unbedingt günstiger sein als der kleine Audi, und mit 7555 Mark gerät er auch 1400 Mark günstiger als er.

Der zweite Schritt rückt die Verhältnisse dann doch etwas zurecht, denn das Publikum interessiert sich zu wenig für eine Billigausführung. Schon im Juli kommt der Polo L, für 500 Mark mehr gönnt man ihm außer Chrom und besserer Ausstattung auch wirksamere Geräuschdämmung und ein besseres Startverhalten. Die Grundvorzüge der Konstruktion – Frontantrieb, quer eingebauter Motor, effiziente Raumausnutzung, Heckklappe, gute Straßenlage – bringt er ja von Haus aus mit. Die flotte Optik der kurzen Überhänge, des kantigen Schräghecks und der großen Scheiben überzeugen in der chromreichen Audi-Fassung wie beim einfachen Polo. Stärkere Motoren mit 50 und 60 PS – die Golf-Palette steht Pate –, eine optische Aufwertung an Kühlergrill und Stoßstangen 1979 und die dritte Ausstattungsstufe GL machen den Polo zum beliebten und

Eine Plastikmaske soll den Polo bis zum Generationenwechsel aufhübschen. Der GT hat stolze 60 PS.

So klein und schon so fotogen: Der knackige Polo, der anfangs nur ein Audi 50 in Sparversion sein soll, zieht die Blicke auf sich.

TECHNISCHE DATEN	VW Polo L
Bauart	Kleinwagen
Bauzeit	1975 – 1981
Motor	Vierzylinder-Reihe
Hubraum	895 ccm
Leistung	40 PS
Getriebe	Viergang-Handschalter
Antrieb	Vorderräder
Gewicht	700 kg
V_{max}	132 km/h

vollwertigen Kleinwagen, zumal schon ab 1978 der hausinterne Konkurrent Audi 50 aus dem Programm genommen wird.

Der von 1979 bis 1981 angebotene Polo GT ist nichts anderes als ein äußerlich auf sportlich getrimmter Polo mit 60 PS. Die glücklose Aktion „Formel E" – ein Zusammenfassen aller bekann-ten technischen Kraftstoffeinsparmöglichkeiten – erreicht 1981 auch den Polo, aber der halbe Liter Benzin weniger beim um 700 Mark höheren Preis kann die Kundschaft (Grundpreis gut 11.000 Mark) nicht locken. Generell ist der VW-Kleinwagen unterhalb des neuen Bestsellers Golf inzwischen etabliert.

Aufschnitt: Die Durchsichtzeichnung zeigt das fortschrittliche und platzsparende Konzept mit Quermotor und Frontantrieb und großer Heckklappe.

DERBY

Der Derby – Begriffe aus der Sportwelt haben bei Volkswagen Konjunktur – aus der ersten Polo-Generation konnte es ja nicht leicht haben. Da springt die ganze Autowelt auf die neue praktische Mode der Vollhecklimousine, der Golf begeistert, andere hatten die Idee schon vorher – wer braucht da noch einen separaten Kofferraum? Zumindest auf dem bundesdeutschen Markt und in Frankreich ist dies die Situation, auf die der „Rucksackpolo" 1977 stößt. Es bleiben aber auch Exportländer mit immer noch bedeutender Nachfrage nach Stufenheckautos, deshalb hat Volkswagen als eigene Weiterentwicklung des von Audi übernommenen Polo den Derby geschaffen – nachträglich, das sieht man ihm an.

Der Derby ist 31 Zentimeter länger als der Polo, acht Millimeter höher und 30 Kilogramm schwerer. Und er hat den separaten Kofferraum von stolzen 615 Liter Volumen. Der Polo bietet nur 280 Liter, bei umgelegter Sitzbank aber 900 Liter, freilich auf Kosten zweier Plätze. Man muss also wissen, was man braucht. Der Urlaub zu viert geht im Derby besser, die Fernfahrt zu zweit dagegen im Polo (teilweise umklappbar ist die Polo-Rückbank zu jener Zeit noch nicht). Die Verkaufspreise nehmen sich nichts, in Deutschland kostet der Derby anfangs 280 Mark mehr als der vergleichbare Polo, später etwas weniger. Alles, was dem Polo beschert wird an festen Ausstattungsvarianten und Sondermodellen sowie alle Modellpflegemaßnahmen kommt auch dem Derby zugute.

Alternative Stufenheck: Der Derby I macht 1977 den Anfang.

Derby

Allerdings ist ihm nur eine vierjährige Produktionszeit vergönnt. Stückzahlen und Anteil an der Gesamtproduktion der Baureihe schwanken. Im ersten gemeinsamen Produktionsjahr liegen sie gar gleichauf mit rund 112.000 Einheiten, später sinkt der Anteil auf 30 Prozent. Von 1,1 Millionen Fahrzeugen sind letztlich rund 300.000 Derby. Das ist genug, um eine nennenswerte Zahl für die Nachwelt aufzuheben. Der erste Derby ist in der Volkswagenszene durchaus vertreten, wird auch als Tuning-Objekt gesichtet und heute vielleicht mehr geschätzt als zu seiner aktuellen Zeit – zumindest in Deutschland.

Die Derby-Geschichte wiederholt sich in der zweiten Auflage ab dem Spätherbst 1981. Die Stufenhecklimousine fällt gegenüber dem innovativen Steilheck des Polo, der ja eigentlich eine Art Kleinkombi ist, in der optischen Wirkung ab. Da hilft es auch nicht viel, dass der Derby jetzt ab der B-Säule eine eigenständige Gestaltung erfahren hat. Die lang gezogenen hinteren Seitenfenster sollen das Längenplus von 320 Millimetern kaschieren, die Heckansicht sollen breite Leuchteinheiten und ein deutlicher Knick in der Haube gliedern helfen.

Etwas leichter ist der Derby in dieser Baureihe, die aufwendige Heckklappe fordert bei der Alternative ihren Tribut. Bleibt das Thema Kofferraum. Wie beim Vorgänger liegt der Derby in der Mitte. 445 Liter – weniger als beim Vorgänger – fasst sein Kofferraum, im Steilheck-Polo sind es 200, bei umgeklappter Rückbank aber stolze 1000 Liter. Ab 1985 heißt das Modell übrigens einfach Polo Stufenheck. Die Produktion bleibt weit hinter den Erwartungen zurück. Bis 1989 sind es knapp 100.000 Derby

gegenüber 760.000 Steilheck-Polo und 270.000 Coupés. Darin dürfte auch der Grund liegen, dass die Baureihe in ihrer zweiten Phase ab 1990 ohne das Stufenheck auskommen muss.

Unter der Bezeichnung Derby wird das Auto auch nicht wieder kommen. Das Stufenheck des Polo macht Pause bis 1995, genau genommen sogar bis 2003. Der Polo Classic von 1995

Auch der zweite Polo erhält den großen Kofferraum, trägt aber keinen eigenen Namen mehr.

ist ein Seat Cordoba, im Front- und Heckbereich auf den Markenauftritt von VW abgestimmt. Er fällt in die Zeit des Polo III, stammt aber als Kompaktwagen aus der Golf-Klasse. Es gibt den Classic mit 1,4-Liter-Benzinmotoren wie beim Polo, ab 1998 zusätzlich den neuen 1,6-Liter-Zweiventiler (Alumotor) mit 100 PS aus dem Golf. Im Classic reicht im Gegensatz zum eigentlichen Polo der Platz im Motorraum.

Bei den Dieselmotoren ist die Palette identisch. Vier Türen sind bei dieser Fahrzeuggröße selbstverständlich, inzwischen hat sie aber auch der kürzere Polo. Der Konzernbaukasten hat noch ein interessantes Objekt aus Spanien auf Lager: den Polo

Variant, den ersten und einzigen dieses Namens. 1997 folgt der dem Classic. Seat bietet beide Modelle auch an und ist dabei laut Liste rund 1500 Mark billiger! Bei VW ist das Vergnügen mit dem Polo Variant nur kurz, schon im Jahr 2000 verschwindet er vom deutschen Markt, 2001 dann auch der Classic. Noch länger lieferbar ist Polo Classic in Argentinien aus dortiger Fertigung.

Stufenheck und Polo kommen noch ein letztes Mal zusammen, jetzt unter einem dritten Namen: 2003 erscheint der Polo Sedan, gedacht vor allem für die südeuropäischen und mittel-amerikanischen Märkte. Im Gegensatz zu den Derby-Versionen der ersten beiden Baureihen tritt dieser Viertürer nicht nur eigenständig, sondern auch relativ harmonisch im Design auf. In Deutschland bleibt er dennoch eine Randerscheinung und verschwindet nach zwei Jahren aus dem Angebot (Aufpreis zum Basispolo 1350 Euro). Brasilien ist ein besseres Pflaster, aus der lokalen Produktion – auch für die Nachbarmärkte – bleibt der Sedan noch einige Jahre aktuell, ebenso für die Fertigung in Südafrika.

Spanienimport: Der Polo Classic (hinten) und der Variant sind eigentlich Seat-Modelle. Vorn der Polo III.

Polo II (Typ 86C) 1981 – 1994

Polo – das komplette Programm. So ist die zweite Generation des VW-Kleinwagens in die Geschichte eingegangen. Drei Karosserievarianten und neben den drei Benzinmotoren nun auch ein Diesel machen die Baureihe für einen größeren Käuferkreis interessant. Der Polo mit Steilheck, der die Serie eröffnet, findet große Beachtung, er hat aus dem vorher schon praktischen Kleinwagen nun einen nahezu idealen Kleinkombi gemacht. Dazu gefällt das prägnante Erscheinungsbild des kleinen Kastens, es hebt den Polo von vielen anderen Schräghecklimousinen ab. Stiefkind in optischer

Flott gestylt und praktisch: Der zweite Polo ist ein veritabler kleiner Kombi.

Hinsicht bleibt erneut der Derby, zumal es ihn nur zweitürig gibt. Zum Star der Baureihe aber avanciert das Coupé. Vom Steilheck unterscheidet es sich nur durch die geneigte C-Säule, das lässt das Modell aber deutlich exklusiver wirken, besonders in der GT-Ausführung mit stark betonten Radläufen, kräftigen Stoßfängern und einer dynamischen Zierleiste.

Technisch basiert die zweite Polo-Generation auf dem Vorgänger. 1983 ersetzt ein neuer 1,3-Liter-Motor mit 55 PS die beiden Aggregate mit 50 und 60 PS, die Version mit 40 PS bleibt bis 1985. 1982 kommt auch aus derselben Reihe die Maschine mit 75 PS für den Polo GT. Die Dieselpremiere des Polo findet 1986 statt, der Golf entleiht auch hier seinen Motor. Der motortechnische Höhepunkt ist der Polo G40, ein in Kleinserie produziertes Coupé. Er hat einen 1,3-Liter-Motor mit mechanischer Aufladung (G-Lader) und

Ein Hauch von Extravaganz: Das Coupé übernimmt die Rolle des sportlichen Kleinwagens.

TECHNISCHE DATEN	Polo GT
Bauart	Kleinwagen
Bauzeit	1990 – 1994
Motor	Vierzylinder-Reihe
Hubraum	1272 ccm
Leistung	75 PS
Getriebe	Viergang-Handschalter
Antrieb	Vorderräder
Gewicht	790 kg
V_{max}	170 km/h

112 PS mit Katalysator – das Umweltthema jener Zeit – oder 115 PS ohne Katalysator. Rund 25.000 Mark werden für ihn verlangt, 20 Prozent mehr als für den Polo GT (75 PS).

Eine kräftige Überarbeitung der ganzen Baureihe kommt 1990 auf den Markt. Äußerlich erkennbar am schräg gestellten Kühlgitter und geänderten Stoßfängern, innen an modernisierten Armaturen und besserer Ausstattung, ist die nun schon neun Jahre produzierte Baureihe fit für vier weitere Jahre. Die Gesamtproduktion erreicht rund 1,7 Millionen Fahrzeuge.

Polo III   1994 - 2001

Der Kleine ist groß geworden! Mit Generation III geht Volkswagen im Herbst 1994 einen deutlichen Schritt in Richtung Kompaktklasse. Das zeigt sich in stark verbesserten Platzverhältnissen und in der technischen Ausrüstung, vor allem in Fragen der passiven Sicherheit. Auch äußerlich ist der Polo dem Golf III näher gekommen – ganz klar, die Rolle des einstigen Kleinwagens hat er nun abgelegt. Zunächst gibt es im VW-Programm keinen Ersatz, erst vier Jahre nach dem Debut des Polo III wird der Lupo diese Rolle ausfüllen.

Die VW-Entwickler erreichen die neue Größe innerhalb derselben Fahrzeuglänge. Der Polo ist sogar um 55 Millimeter kürzer, hat aber einen um 70 Millimeter verlängerten Radstand. Dazu kommen 85 Millimeter Gewinn an Innenhöhe – das Ergebnis sind Platzverhältnisse wie im ersten Golf. Dank der Fahrzeughöhe wächst gegenüber dem vorherigen Polo sogar das Kofferraumvolumen. Der Kofferraum pur bietet 260 Liter Volumen, bei umgeklappter Rückbank sind es 614 Liter.

So ist ein eher rundlich gezeichnetes, fast unscheinbares Auto entstanden – ganz im Stil des aktuellen Golf III, der ebenfalls kaum stilistische Akzente setzt. Den optisch überzeugendsten Eindruck macht die viertürige Ausführung – eine Premiere in der Polobaureihe. Das Schrägheck der Vorgänger ist gestrichen, die Stufenheckvariante folgt 1995 als Polo Classic, 1997 dann noch – als einziger in der Historie des Polo – auch der Kombi Variant. Hinter beiden verbirgt sich allerdings der Seat Cordoba.

Er ist groß geworden: Der Polo III rückt näher an den Kompaktwagen.

Die Unauffälligkeit des Polo wird auch den Produktplanern bewusst gewesen sein. Wahrscheinlich um dem entgegen zu wirken, wagen sie ein einmaliges Experiment, das kreative Spiel mit Farben. Als Sondermodell Harlekin kommt der Polo mit Vierfarblackierung – die Karosserieteile sind alle unterschiedlich gefärbt, und das Muster bestimmt der Plan des Herstellers. Der Kunde kann nur Harlekin bestellen, nicht die Reihenfolge. Die Idee wird durchaus goutiert, der Harlekin fällt auf im Straßenbild. Ein weiteres originelles Sondermodell heißt „Open Air". Es bringt das gute alte Faltschiebedach noch einmal zurück, aber jetzt elektrisch betätigt!

**Einmaliges Experiment: Das Sondermodell „Harlekin"
ist auf jeden Fall bunt. Welche Farben wohin kommen,
bestimmt der Hersteller.**

TECHNISCHE DATEN	Polo TDI
Bauart	Kleinwagen
Bauzeit	1999 – 2001
Motor	Dreizylinder Reihe, Diesel
Hubraum	1422 ccm
Leistung	75 PS
Getriebe	Fünfgang-Handschalter
Antrieb	Vorderräder
Gewicht	1035 kg
V_{max}	170 km/h

Kleiner Express: Schnell als Benziner und als Diesel ist der Polo in GTI- (vorn) und TDI-Konfiguration.

Diese klare Botschaft sendet Volkswagen mit dem Polo besonders gern: Auch in Autos unterhalb der eigentlichen Kompaktklasse ist der aktuelle Standard der passiven Sicherheit umsetzbar. Zwei Frontairbags, Gurtstraffer und umfangreiche Vorkehrungen gegen den Seitaufprall sind nicht üblich in Fahrzeugen dieser Größe. Er steht auch damit zwischen Kleinwagen und Kompaktwagen, auch bei den Preisen. Die Fachpresse beurteilt sie stets als zu hoch. Der Polo kostet in Deutschland rund 22.500 Mark. Das sind 2500 Mark weniger als der Golf und rund 1000 Mark mehr als der direkte Konkurrent Opel Corsa.

Die drei bekannten Ottomotoren werden übernommen, als Diesel kommt jetzt der 1,6-Liter (75 PS) aus dem Golf zum Zuge, schon bald ergänzt um den bei VW breit gestreuten 1,9-Liter (64 PS). Dieser erweist sich dank seiner niedrigen Drehzahlen als besonders sparsam. Der erste wirklich neue Motor innerhalb der Baureihe ist ein Vierzylinder-Benziner in Aluminiumausführung mit 50 PS als Einstiegsmotorisierung. Bei den Dieselmotoren sind Saugdiesel angesagt, sie werden längs eingebaut.

Die 16-Ventiler aus dem Golfregal passen, die PS-Leistungen des Polo wachsen – bis zum 1998 eingeführten Vierzylinder mit 120 PS im Polo GTI. Er ist teuer (rund 31.000 Mark), die Serie auf 3000 Einheiten begrenzt, und er ist schnell ausverkauft. Viele Interessenten werden sich dabei an den ersten Golf GTI erinnert haben …

In ihrer Endphase erfährt die Baureihe eine Überarbeitung. Eine leicht geschärfte Optik bringt das VW-Logo größer heraus, die Stoßfänger sind modernisiert ebenso wie die Innenausstattung. Da muss der Passant auf der Straße schon genau hinschauen. Ein wichtiger Fortschritt ist von außen gar nicht gar zu erkennen: die Karosserien sind nun voll verzinkt.

Im Laufe der Jahre wächst der kleine, fast spartanische Polo zu einem komfortablen Auto heran, das irgendwann eigentlich gar nicht mehr so recht als Kleinwagen durchgehen mag.

TECHNISCHE DATEN	VW Polo GTI 16V
Bauart	Kleinwagen
Bauzeit	1999 – 2001
Motor	Vierzylinder/Reihe
Hubraum	1598 ccm
Leistung	125 PS
Getriebe	Fünggang-Handschalter
Antrieb	Vorderräder
Gewicht	1010 kg
V_{max}	205 km/h

Polo IV   2001 – 2009

Im Jahr 2001 ist es wieder einmal so weit: Die erfolgreiche Baureihe wird auf den neuesten technischen Stand gehoben. Die Plattform ist vom Skoda Fabia schon eingeführt, der wichtigste optische Akzent stammt vom Kleinwagen Lupo. Dessen Vieraugen-Gesicht ist Mode und steht auch dem größeren Polo gut. Ein kleines Stück ist er auch wieder größer geworden, um 154 Millimeter in der Länge und um 53 Millimeter im Radstand. Sowohl der Zwei- als auch der Viertürer bewahren das Erscheinungsbild des Vorgängers, zeigen sich aber mit geschärften Linien. Beide eröffnen die Reihe, 2004 wird der Sedan hinzukommen, nach dem Facelift 2005 auch der Cross.

Die große Innovation des nun zwischen dem echten Kleinwagen Lupo und dem Golf platzierten Polo steckt unter der Haube. Völlig neu ist ein Dreizylinder-Benzinmotor mit zwei (54 PS) oder vier Ventilen pro Zylinder (64 PS). Wie der bekannte vierzylindrige

1,4-Liter mit Benzindirekteinspritzung (86 PS) ist der Dreizylinder besonders sparsam. Nach dem EU-Mix verbraucht er 7,6 Liter auf 100 Kilometern. Zu jener Zeit beginnt die Aufwertung der Benzinmotoren in Sachen Sparsamkeit, wenn auch die Diesel immer noch unschlagbar sind. Der Polo 1.4 TDI hält in der Baureihe den Rekord mit 5,5 Litern (EU-Norm). Fünf Benzinmotoren und drei Diesel staffieren den Polo aus, stärkste Modelle sind zunächst der 1.4 16V (ab 2002) und dann der TDI mit 100 PS.

Mit dem Ende des Lupo verabschiedet sich auch das Vieraugengesicht beim Polo. Das Facelift 2005 hat die Frontgestaltung wieder verändert und – die nächste Mode – die gesamte Leuchteinheit unter einer Abdeckung zusammen gefasst. Dadurch werden Kühlergrill und Markenzeichen stärker betont. Wichtiger sind die bald folgenden neuen Modelle. Der Polo GTI macht Furore, 150 PS in einem nur 1050 Kilogramm schweren und sehr wendigen Auto machen ihn zu einem attraktiven Flitzer. 216 km/h lautet der stolze Spitzenwert.

Neue Dimension: So groß wie einst der Golf ist der Polo IV, hier schon mit der überarbeiteten Front.

Attraktiver Auftritt: Der Cross-Polo lockt gestalterisch mit SUV-Elementen.

TECHNISCHE DATEN	Polo TDI Blue Motion
Bauart	Kleinwagen
Bauzeit	2005 – 2009
Motor	Dreizylinder Reihe, Diesel
Hubraum	1422 ccm
Leistung	80 PS
Getriebe	Fünfgang-Handschalter
Antrieb	Vorderräder
Gewicht	1164 kg
V$_{max}$	176 km/h

Leistungsstark: 140 PS bringt der Polo GTI auf die Straße.

Erkennbar ist der GTI schon auf den ersten Blick: Der schwarz gehaltene, bis in die Stoßstange reichende Kühlergrill verleiht dem Auftritt Dynamik. Der Polo GTI ist eine echte Alternative zum Golf GTI, falls es beim Fahrspaß nicht auf Platz für Mitfahrer ankommt. Immerhin trennen beide Modelle mehr als 5000 Euro (Polo GTI: 19.125 Euro). Für den Basismotorsport steht außerdem ab 2006 die GTI Cup Edition des Polo mit 180 PS zur Verfügung. Extrem kann die Baureihe auch in anderer Beziehung sein: Der Polo TDI in der Version Blue Motion ist ähnlich wie der Lupo 3l aerodynamisch optimiert und braucht nach EU-Norm nur vier Liter auf 100 Kilometern.

Zur zweiten wichtigen Modellneuheit aus der zweiten Phase dieser Baureihe wird 2006 der Cross Polo. Off-Road-Optik ist angesagt, und der Cross Polo erfüllt den Wunsch nach höherer Sitzposition und dem Eindruck eines Geländewagens. Angetrieben sind nur die Vorderräder, aber die unten schwarz eingefärbten Seitenflächen als Schutz vor Beschädigungen bei der Geländefahrt und in der Optik nachempfundene „Kuhfänger" lassen den viertürigen Polo als ein anderes Auto erscheinen.

Motorisiert ist er mit dem 101 PS starken TSI-Motor oder einem von zwei TDI-Aggregaten (70 PS und 100 PS). Je nach Ausstattung liegen rund 3000 Euro zwischen dem einfachen Viertürer und dem Cross Polo. Allerdings sind die Preise, zumindest auf dem deutschen Markt, immer ein Polo-Thema. Während Beurteilungen in den Fachzeitschriften stets Fahrverhalten, Fahrkomfort und (beim Viertürer) die Platzverhältnisse loben, wird die Preisgestaltung auch der jüngeren Generationen durchgehend bemängelt.

Polo V   2009 – 2014

Innen mehr wachsen als außen – dieses Polo-Prinzip setzt auch die nächste Generation ab 2009 fort. Trotz 60 Millimeter mehr Fahrzeuglänge bleibt der Polo aber noch unter der Grenze von vier Metern. Noch knappere, optisch kaum noch wahrnehmbare Überhänge haben den Innenraum weiter vergrößern helfen. Mehr denn je steht der Polo wie ein Golf der frühen Jahre da. Er nimmt schon ein wenig das Design des Golf VII vorweg, der 2012 erscheinen und klarer und kantiger geraten wird als der Golf VI.

Der nächste Schritt: Der Polo V trägt deutlich die Züge des Golf.

Das Spiel mit den Frontscheinwerfern und dem Kühlergrill ist jetzt erst einmal zu Ende und dem allgemeinen – teils noch künftigen – Markengesicht von Volkwagen angepasst. Von vorn wirkt der Polo jetzt richtig erwachsen, von hinten immer noch ein wenig wie ein Kleinwagen. Und er erreicht immer neue Produktionsjubiläen: Am 4. Februar 2010 läuft im indischen Werk Pune der 11.111.111 Polo insgesamt seit 1975 vom Band!

Der aktuelle Golf hat ein Jahr vor dem Polo seine Karriere begonnen. Von ihm bekommt der Kleine auch allerhand nützlichen Fortschritt mit auf den Weg. Vor allem vier Airbags in Serie, zwei Kopfairbags auf Wunsch. Außer der Sicherheit ist der Verbrauch das große Thema der Zeit. Es geht auch um möglichst niedrige CO_2- Werte, um das Klima zu entlasten. Da kann der Polo mit dem noch beim Vorgänger eingeführten BlueMotion-Diesel punkten. Für den 1,6-Liter TDI gibt VW einen Laborwert von 3,3 Litern auf 100 Kilometern an.

Obwohl dem Golf näher gekommen, hält der Polo zumindest auf der Motorenseite zunächst noch Abstand. Die stärkste Motorisierung leistet 105 PS, entweder als 1,6-Liter-Ottomotor mit 16 Ventilen oder als 1,6-Liter-TDI. Dieser feiert im Polo Premiere, zur besseren Umweltverträglichkeit des BlueMotion-Motors trägt jetzt eine Start-Stopp-Automatik bei. Das Doppelkupplungsgetriebe – hier in sieben Stufen – ist jetzt auch für den Polo lieferbar.

Ein Jahr nach der Einführung darf auch dieser Polo zulegen. Der GTI macht erneut von sich reden und beschert dem sportbegeisterten Autofahrer die 180 PS, die beim Vorgänger noch dem motorsportnahen Cup-Auto vorbehalten waren. Elf Motorisierungen zwischen 60 und 180 PS, zu denen auch eine Autogasvariante zählt, die zwei altbekannten Karosserievarianten Zwei- und Viertürer, ab 2010 auch wieder als Cross Polo, bilden das rundum abgestimmte Programm des kleinen Kompaktwagens – technisch hochwertig, sportlich, modern und nicht billig – im VW-Programm.

Die spielt der Polo auch im Motorsport. In der Rallyeweltmeisterschaft fährt Volkswagen von 2013 bis 2016 von Sieg zu Sieg – das Auto ist ein Polo. Zu Ehren des Weltmeisters gibt es die Sonderserie Polo WRC in der Auflage von 2500 Stück. 220 PS holt er aus dem 2.0-TSI-Motor heraus.

Breit und stark: Der Cross-Polo pflegt einen effektvollen Auftritt.

Die Geschichte der Annäherung Polo an den Golf geht weiter. Ende 2017 kommt die jüngste Fortsetzung, und nun ist der kleine dem größeren ganz dicht auf den Pelz gerückt. Die Viermeter-Marke in der Länge ist überschritten (plus 81 Millimeter gegenüber dem Vorgänger), der Radstand nochmals um 80 Millimeter gewachsen und die Raumausnutzung insgesamt weiter optimiert. Den Golf IV hat der Polo VI mit seinen Innen- und Außenabmessungen schon in der Tasche, den aktuellen Golf VII hat er fast eingeholt. Infotainment, Multifunktionslenkrad und elektronische Assistenzsysteme – zum Teil gegen Aufpreis – stammen aus den höher angesiedelten Modellen.

TECHNISCHE DATEN	VW Polo MPI
Bauart	Kompaktlimousine
Bauzeit	ab 2017
Motor	Dreizylinder-Reihe
Hubraum	999 ccm
Leistung	65 PS
Getriebe	Fünfgang-Handschalter
Antrieb	Vorderräder
Gewicht	1030 kg
V_{max}	164 km/h

Polo als Kompaktwagen: Die sechste Generation ist bereit.

Und das alles bei einem Preisunterschied auf dem deutschen Markt von rund 3000 Euro in vergleichbarer Ausstattung und gemessen am viertürigen Golf. Die Zeitschrift *auto motor und sport* wollte es genau wissen und gesteht dem Golf am Ende eines Vergleichs „unter Brüdern" mit Modellen identischer Motoren bessere Quaitätsanmutung und höheren Komfort zu, dem Polo aber den größeren Fahrspaß.

Aber es geht hier ja in der Hauptsache um den Polo. Die Linie des Designs ist gegenüber der des Vorgängers deutlicher akzentuiert. Schmalere und länger gezogene Frontscheinwerfer, stärkere Betonung des Frontgrills und zwei aufeinander abgestimmte, kantig geführte Linien in der Seitenansicht bringen Dynamik in den Auftritt. Neun Motoren stehen zur Wahl, darunter erstmals ein Erdgasmotor. Hybrid und reiner Elektroantrieb bleiben dem Golf vorbehalten.

Unter Benzinern wie Dieseln sind die Dreizylinder noch topaktuell. Der neue 1,5-Liter TSI mit Zylinderabschaltung hat 150 PS, und – wie immer die Krönung – der Vierzylinder mit zwei Litern Hubraum leistet jetzt 200 PS. Tatsächlich: der Polo GTI schafft 237 km/h und nähert sich damit schon den magischen 250 km/h, die für alle Serienautos von Volkswagen das Limit bilden.

Kapitel III.

Neue Wege –
Retro und Lifestyle

Lupo

Kompakt und knackig: Der kleine Lupo ist eine sympathische Erscheinung.

LUPO   1998 – 2005

Als der Polo wächst und wächst und irgendwann den ersten Golf überholt hat, wird es wieder Zeit für etwas Kleineres im Angebot. Der Lupo kommt 1998, bleibt bis 2005 und bekommt keinen Nchfolger, jedenfalls nicht unter diesem Namen. Furore macht der Lupo 3L als erstes serienmäßig gebautes Dreiliterauto mit vier Sitzplätzen. Allerdings haben neben diesem „Super-Lupo" ganz andere Modelle die Hauptrolle gespielt in der kurzlebigen Baureihe. Von vorn herein ist das Projekt zweigleisig geplant, das Auto soll in Spanien als Seat Arosa vom Band laufen. Der ist dann sogar schon vor dem Lupo da. Dessen Produktion startet in Wolfsburg und zieht 2001 nach Brüssel um.

In vielem profitiert der neue Kleine vom Polo. Dessen verkürzte Plattform und das Motorenprogramm bilden die Basis. Alles andere ist neu. Die sehr kompakte Steilheckkarosserie hat Schwung, ist vorn geprägt von großen Scheinwerfern und Blinkleuchten und am hinteren Radausschnitt von einer flotten, aufsteigenden Linie. Trotz der kleinen Blinker geht die Lupo-Front als so genanntes Vier-Augen-Gesicht in die Designentwicklung auch von VW ein. Der kommende Polo ab 2001 wird sie einmal tragen – eine modi-

sche Erscheinung im Automobildesign, die sich bald schon wieder überholt hat. Große Fensterflächen, sehr breite Türen und harmonische Rundungen geben der kleinen Kiste ein sympathisches Auftreten.

Gegenüber dem 1999 gerade erneuerten Polo fehlen dem Lupo in der Länge 217 Millimeter, in der Höhe misst der Lupo aber 37 Millimeter mehr, letzteres ein kleiner Trost für die Fondpassagiere. Vorn nehmen sich Lupo und Polo kaum etwas. 50 Kilo leichter ist der Lupo jedenfalls und bewährt sich als wendiges und flottes Auto in der Stadt und auf Landstraßen.

Der Fahrspaß beginnt schon mit dem 50-PS-Einliter. Ab 1999 steht der 1,4-Liter, auch mit 16 Ventilen, zur Verfügung, und zur Jahrtausendwende folgt dann der Knaller der Baureihe, der Lupo GTI. 125 PS leistet der Motor und übertrifft – das ist einfach der ewige Maßstab in der Modellgeschichte von VW – den legendären ersten Golf GTI um 15 PS. Schon 1998 macht der Lupo GTI

TECHNISCHE DATEN	VW Lupo
Bauart	Kleinwagen
Bauzeit	1999 – 2005
Motor	Dreizylinder-Reihe, Turbodiesel
Hubraum	1191 ccm
Leistung	61 PS
Getriebe	Fünfgang, sequenziell, Automatik
Antrieb	Vorderräder
Gewicht	803 kg
V_{max}	165 km/h

im neuen Markenpokal von sich reden. Die wilde Horde kleiner Lupo rührt auf den Rennstrecken kräftig die Werbetrommel für den neuen Kleinen, und Motorsportbegeisterte freuen sich über einen erschwinglichen Einstieg in ihr Hobby. 1999 erreicht den Lupo ein ganz neuer Motor. Der Benzin-Direkteinspritzer FSI mit 1,4 Litern Hubraum läutet die nächste Epoche der Ottomotoren ein.

Die Dieselfraktion freut sich über TDI (75 PS) und 1.7 SDI (60 PS, nur 4,8 Liter auf 100 Kilometer) und merkt dann auf beim Lupo 1,2 TDI – das ist die offizielle Bezeichnung des ab 1999 lieferbaren Lupo 3L mit dem durchschnittlichen Verbrauch von drei Litern auf 100 Kilometer. Eine neue Epoche wird er zwar noch nicht einleiten, weil die Entwicklung dann erst einmal abreißt und spätere Modelle dank viel mehr Elektronik sparsam werden – aber er ist ein Signal für die Zukunft.

Leichtbauteile, schmale Sparreifen, aerodynamische Optimierung auch am Fahrzeugboden, eine Schaltung mit Sparmodus – dann werden von den 61 PS nur 45 PS abgerufen – und eine genau abgestimmte Automatik ergeben das Verbrauchswunder.

830 kg bringt er auf die Waage, 155 kg weniger als der 1.4 TDI und 145 kg weniger als der 1.7 SDI. Die Verbrauchsminderung gegenüber diesen beiden: 1,6 Liter und 1,8 Liter auf 100 Kilometern. Im Preis gibt es natürlich auch eine Differenz: 1700 DM mehr gegenüber dem TDI und 4200 DM gegenüber dem SDI (Preis für den 1.2 TDI im Jahr 2000 in Deutschland: 27.381 DM, das ist so viel wie für einen Polo 1.4 TDI).

Ein Verkaufserfolg wird der Spar-Lupo nicht. Genau 29.892 Einheiten entstehen, das sind rund zwölf Prozent der gesamten Produktion. Auch diese bleibt überschaubar. Das beste Jahr wird 2000, als 97.403 Autos die Werkhallen verlassen, insgesamt sind es rund 490.000.

Es geht auch flott: Mit dem 16-Ventiler ist der Lupo ebenfalls lieferbar.

Fox

**Zwischen Lupo und up!:
Der Brasilianer Fox ist sechs Jahre
lang der Kleinste im Programm.**

Fox   2005 – 2011

Nach dem Wolf (Lupo) kommt der Fuchs, das passt nicht schlecht
… Fox ist der knappe, griffige Name für den neuen Kleinwagen von Volkswagen im Jahr 2005. Trotz aller Sympathie für das
schlaue Tier findet der Fox nur zeitweilig Anerkennung beim Publikum, zumindest auf dem deutschen Markt. Der Neue ist nicht nur
nicht ganz neu, sondern auch für den südamerikanischen Markt
bestimmt. Nur weil ein echter Wolfsnachwuchs fehlt, wird er kur-
zerhand aus Brasilien adoptiert. Allein das empfinden manche Interessenten als Makel – Volkswagen aber zieht das Projekt durch
und hat mit dem Modell aus Südamerika für immerhin sechs Jahre
ein Angebot für Europa im Mini-Sektor.

In seinem Heimatland kommt der Fox 2004 als Programmab-
rundung nach unten. Man befindet sich dort in hartem Konkur-
renzkampf mit Fiat um die Vorherrschaft auf dem brasilianischen
Markt, und da hat VW das richtige Argument im Kleinwagensektor gefehlt. Der Fox steht auf der Polo-Plattform und wird in
Südamerika auch als Viertürer angeboten. Nach Europa kommt
nur die zweitürige Ausführung. Dass die Platzverhältnisse auf der
Rückbank definitiv kleinwagenmäßig ausfallen, geben die puren
Maße auf den ersten Blick gar nicht her. Auf dem Radstand des
Polo weist der Fox eine nur um 88 Millimeter kürzere Gesamtlänge
auf bei extrem knappem hinterem Überhang. Aber hier zählt eben
jede Fingerspanne an Fußraum. Nach oben sieht es besser aus, der
Fox ist 77 Millimeter höher als der Polo.

In der Seitenansicht erinnert der Fox an den Polo der dritten
Generation. Der aktuelle Polo tritt inzwischen dynamischer und
kantiger auf. Etwas gewöhnungsbedürftig sind die relativ flachen
Seitenfenster, sie betonen unfreiwillig den Kleinwagenstatus. Auch
in der Front ist zu spüren, dass die Designer in Brasilien konserva-
tiver gestalten als ihre Kollegen in Wolfsburg.

Hauptaufgabe des Fox in Europa ist die Besetzung des unteren Preissegments. Deshalb gibt es nur die zweitürige Ausführung
und nur drei Motorisierungen. Sie stammen alle aus dem Polo:
Reihendreizylinder und Reihenvierzylinder FSI (55 PS und 75 PS)
sowie 1,4-Turbodiesel (Dreizylinder mit 70 PS). Die Ausstattung
der Grundversion für 8950 Euro ist mager, in puncto Sicherheit
zählen lediglich ABS, zwei Airbags und Gurtstraffer zur Serie. Und
wer so wesentliche Dinge wie ESP oder Klimaanlage dazubestellt,
ist schnell weg vom günstigen Einsteigerpreis. Der ist allerdings
wirklich günstig und liegt 1000 Euro unter der einfachsten Ausführung der gerade abgelösten Lupo-Reihe und 2500 Euro unter
dem einfachsten Polo.

Weiterentwicklung erfährt der Fox kaum. 2010 kommt ein neuer Benzinmotor mit 60 PS. 2011 hat der Fox seine Schuldigkeit getan, der neue VW-Kleinwagen up! ist fertig. Die Verkäufe auf dem deutschen Markt erreichen nach einem guten Start 2005 schon im zweiten Jahr den Höchststand von 35.657. In sieben Jahren kommen exakt 143.136 Fox zusammen, vom Polo sind stets das Doppelte oder das Dreifache abgesetzt worden.

In Brasilien dagegen hat der Fuchs einfach seine Heimat. Hier gibt es ihn später auch als Sunrise, eine Art Polo Fun oder Cross, und wie üblich auf diesem Markt ist er auch mit Ethanolmotor erhältlich.

TECHNISCHE DATEN	VW Fox 1.4
Bauart	Kleinwagen
Bauzeit	2005 – 2011
Motor	Vierzylinder-Reihe
Hubraum	1390 ccm
Leistung	75 PS
Getriebe	Fünfgang-Handschalter
Antrieb	Vorderräder
Gewicht	1085 kg
V$_{max}$	167 km/h

up!

**Es geht auch viertürig:
Die zwei Varianten
des VW up!**

up!　　　　　ab 2011

Im Herbst 2011, zur IAA in Frankfurt, schließt VW die wohl letzte Lücke im Programm, die des Kleinwagens der Kategorie Mini. Immerhin ein wichtiges Segment, für das ein paar Jahre lang eine dem technischen Standard der Marke entsprechende Lösung gefehlt hat. Der jugendlich-forsch „up!" (tatsächlich, offiziell mit Ausrufezeichen!) genannte Kleinwagen beendet das sechs Jahre andauernde Provisorium namens Fox. Das Projekt ist wieder einmal breit angelegt: Es gibt ihn auch als Seat Mii und Skoda Citigo – alle gemeinsam produziert im slowakischen Werk Bratislava.

Er trägt nicht das übliche markentypische VW-Gesicht, sondern ist recht nahe an der Designstudie geblieben mitsamt dem markanten vergitterten Rahmen um ein Frontpanel, das auch das Nummernschild trägt. Seat und Skoda erhalten die eigenen Markengesichter und andere Rücklicht-Designs. Ab Mai 2012 gibt es den up! auch mit vier Türen. Auf seiner Grundlage wird 2016 ganz im Stil des Cross-Polo der cross up! entwickelt.

Optimale Raumausnutzung steht im Mittelpunkt der Konzeption. Das erreicht man bei knappen Außenmaßen am besten mit möglichst senkrecht stehenden Seitenteilen und dito Rückwand.

Im up! ist das konsequent umgesetzt. Der Radstand von 2420 Millimetern kommt den Passagieren fast vollständig zu Gute, so knapp ist der hintere Überhang ausgefallen, und so wenig Raum beansprucht der kompakt bauende Dreizylindermotor im Vorbau. Die Innenhöhe von 1480 Millimetern passt ebenfalls. Der up! soll vor allem junge Leute ansprechen. Das Design ist frisch und hält sich auch gut, und für die vollvernetzten jungen Kunden ist reichlich Anschluss vorhanden.

Ein Kleinwagen muss sparsam sein – das ist allein schon deshalb zwingend, weil das Budget der Hauptzielgruppe traditionell klein ist. Die zwei Dreizylinder im up! – ebenso eingesetzt im Polo – erfüllen da alle Erwartungen. 60 und 75 PS stehen zur Verfügung, der schwächere Motor verbraucht nach ECE-Norm nur 4,2 Liter Superbenzin – an sich ist das ein Dieselwert. Dieselmotoren sind für den up! gar nicht vorgesehen. Dafür kommt 2015 mit dem 90 PS starken TSI-Motor eine weitere Alternative hinzu.

Jahre knapp unter 10.000 Euro und ist damit absolut konkurrenzfähig, zumal Volkswagen früh damit beginnt, sicherheitsrelevante Assistenzsysteme auch hier anzubieten.

Größere PS-Leistungen sind die eine Entwicklung des Kleinen. Eine andere ist dem effizienten Kraftstoffverbrauch und der Umweltentlastung gewidmet. Innerhalb der überschaubaren Baureihe nimmt sie relativ großen Raum ein. Stufe eins: Schon bald nach dem Start ist der up! mit Erdgasmotor (Typ EcoFuel) lieferbar. Die CO_2-Belastung pro Kilometer zieht der Gasmotor (68 PS, später auch 75 PS) gegenüber dem 60-PS-Benziner um 11 Gramm auf 100 Kilometer herunter. Kleinigkeiten helfen eben auch weiter, wenn es um den gesetzlich limitierten Flottenverbrauch geht … Generell sind zumindest in Deutschland Erdgasautos allerdings wenig verbreitet, weil der Ausbau des Tankstellennetzes nur sehr langsam voran geht.

Seine eigentliche Mission in dieser Beziehung erfüllt der up! aber mit Stufe zwei, der Elektroversion. Nach dem elektrifizierten Golf kommt er als kleinere und billigere Alternative 2013 auf den Markt.

Der up! hat seinen Platz gefunden auf seinem Heimatmarkt. Seit Einführung bis 2017 sind 242.640 Einheiten verkauft worden, deutlich mehr als die baugleichen (aber nur bis 75 PS präsenten) Seat Mii und Skoda Citigo – was natürlich auf deren Heimatmärkten wiederum ganz anders aussieht.

Unten: Kleines Spaßauto: Der cross up! lockt mit speziellem Outfit.

Mit der Zeit steigt also die Motorleistung des kleinen up!, um Ende 2017 dann den Höhepunkt zu erreichen: Der up! als GTI. Da ist sie wieder, die Faszination der drei Buchstaben. Die 999 ccm Hubraum geben tatsächlich 115 PS frei, lassen das Auto in 8,8 Sekunden auf 100 km/h und insgesamt bis 196 km/h beschleunigen. Das Ganze mit einem Fahrzeuggewicht von 1070 Kilogramm, 200 Kilogramm mehr als der Ur-GTI. Eine neue Alternative für Puristen, denen der Polo GTI schon zu gewöhnlich ist, zumal diese Klientel sich mit dem Preis von 16.975 Euro eher anfreunden kann als die eigentliche Zielgruppe. Der Einstiegspreis des up! liegt über

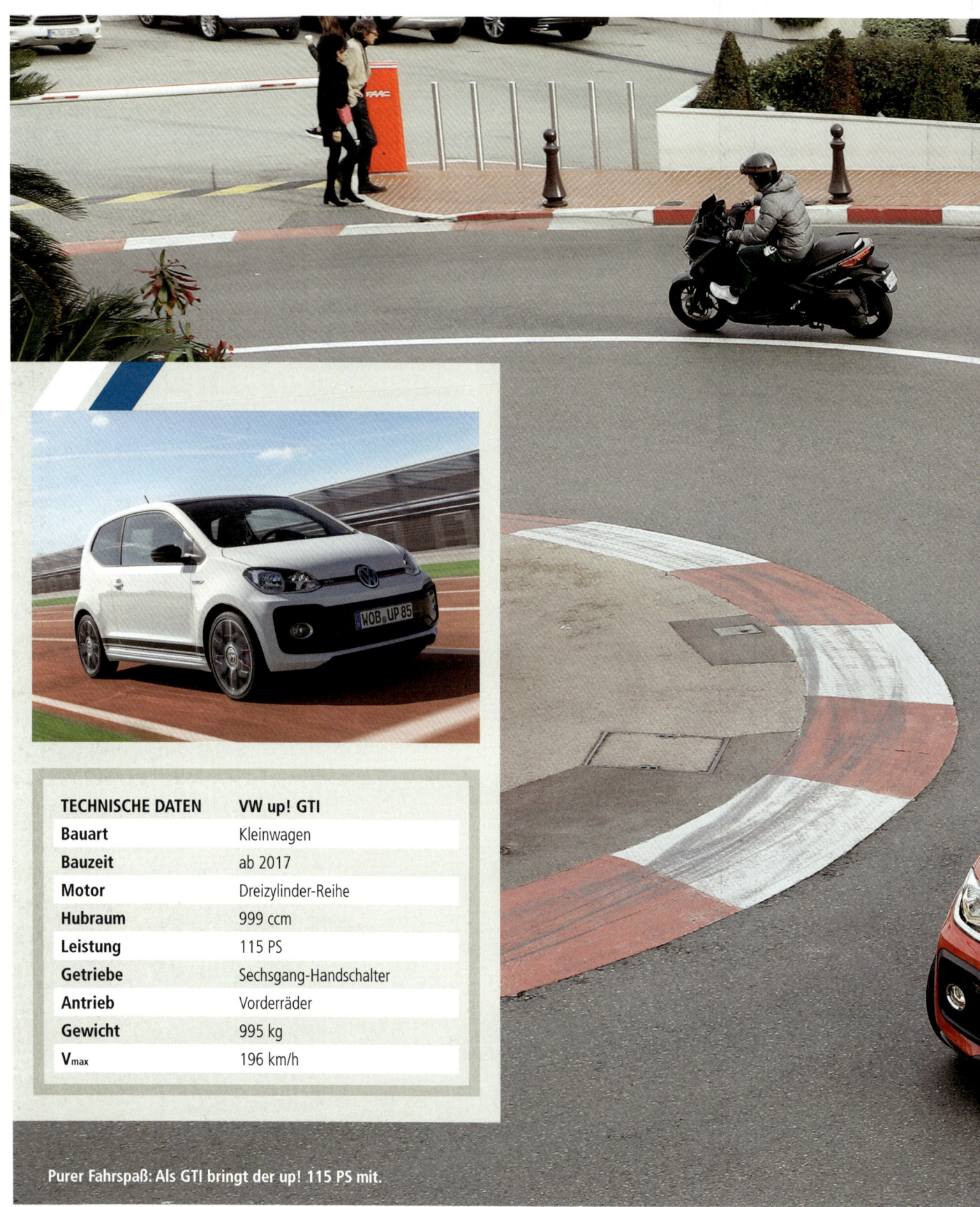

TECHNISCHE DATEN	VW up! GTI
Bauart	Kleinwagen
Bauzeit	ab 2017
Motor	Dreizylinder-Reihe
Hubraum	999 ccm
Leistung	115 PS
Getriebe	Sechsgang-Handschalter
Antrieb	Vorderräder
Gewicht	995 kg
V_{max}	196 km/h

Purer Fahrspaß: Als GTI bringt der up! 115 PS mit.

New Beetle

Der Ur-Käfer lässt grüßen – der New Beetle ist eine freie Interpretation des Themas.

Der Käfer lebt nach seiner aktiven Zeit weiter im Gedächtnis – vor allem in den USA und in Deutschland. Moderne Autos im Retrodesign kommen gerade in Mode, da ist der Schritt nicht weit zu einer Erinnerung an den ersten Volkswagen in Form einer modernen Interpretation. Volkswagen ist vorsichtig bei diesem Plan, stellt erst eine Studie auf die Räder, um die Reaktion des Publikums abzuwarten. Der VW Concept 1 aus dem Jahr 1994 überzeugt derart, dass die Entscheidung zur serienreifen Entwicklung dem Werk leicht gefallen sein dürfte. Sie kommt 1995, und zwei Jahre später beginnt im mexikanischen Werk Puebla die Produktion. Im Januar 1998 folgt auf der Detroit Motor Show der Start in den USA – dort begeistert der New Beetle am meisten – und im Oktober desselben Jahres in Paris die Europapremiere.

New Beetle   1998 – 2011

Der Stil des Beetle-Revivals ist mit der Studie schon festgelegt, der fertige New Beetle folgt ihm weitgehend, nur in den Stoßfängerbereichen weicht das Design etwas ab. Unterm Blech ist der New Beetle komplett ein Golf, hat also Frontantrieb, den vorn quer eingebauten Motor und entspricht in technischer Hinsicht auch sonst dem aktuellen Golf IV.

Was auf Anhieb gefällt, ist das knuffige Auftreten. Die breiten Kotflügel, die gebogene Fronthaube, der Fließheck-Abschluss und der Bogen in der Dachlinie stellen die Beziehung zum Vorbild her – in einer freien, aber nachvollziehbaren Interpretation. Ein exaktes Abbild kann und soll er nicht werden, allein schon der vom Golf übernommene größere Radstand und die breitere Karosserie sorgen für eine neue Dimension. Wie viel Käfer im Design steckt, zeigt das 2003 nachgeschobene Cabrio. Auch innen stellt VW Beziehungen zum Käfer her, symbolisch dafür stehen die Blumenvase neben dem Lenkrad – zu Käfer-Zeiten ein beliebtes Zubehörteil –, der große Rundtachometer und die Halteschlaufe an der B-Säule.

Der New Beetle ist ein Viersitzer und kein Coupé mit Notsitzen – allerdings ist der Platz hinten knapp. Vorn bleibt dafür viel Raum für bequemes Reisen. Wer das Design des Käfers nachempfindet, muss sich auch wieder mit dem Kofferraum befassen. Der ist zwar nun hinten, aber nicht größer als der vorn platzierte des Originals. 209 Liter sind sogar noch 71 weniger, und ein zweites kleines

Gepäckabteil wie beim historischen Käfer gibt es natürlich nicht. In der Praxis dürfte das kein Problem sein, denn Nutzer des New Beetle werden eher zu zweit als zu viert auf Tour gehen. Bei umgeklappter Rückbank sind es immerhin 527 Liter Volumen. Eine begehrte Zusatzausstattung ist von Anfang an das elektrisch betätigte Glasschiebedach (mit Hubvorrichtung).

Der Zweiliter-Benziner mit 115 PS und der TDI 1,9-Liter (90 PS) machen den Anfang, 1999 und 2000 folgen der 1,8 Liter große 20 V (150 PS) und der 2,3 Liter große V5 (150 PS) als Spitzenmotorisierung. So werden die New Beetle generell bestückt – Benziner als Einstiegsmodelle und für die mittlere Leistungsklasse, eine Dieselalternative und ein bis zwei schnelle Versionen. Und als Krönung gibt es den RSi, gebaut allerdings nur in einer Kleinserie von 250 Einheiten und als Grundlage für den Markenpokal im Motorsport. Er ist der Sportwagen der Baureihe, sein VR6 nimmt mit 224 PS eine Spitzenstellung im VW-Programm ein. Sechsganggetriebe und Allradantrieb stammen von Golf und Bora. Äußeres Kennzeichen ist die auf hohe Endgeschwindigkeit getrimmte aerodynamische Optimierung, vor allem der große Heckspoiler. Natürlich schießt auch der Preis nach oben bei einem solchen Auto: 69.500 Euro werden 2011 verlangt, das Viereinhalbfache des Preises für den New Beetle 1.6 als einfachstem Modell der Baureihe. In der Regel liegen die Preise für den New Beetle um zehn Prozent über denen des Golf.

2003 erscheint das Cabrio und füllt die im Jahr zuvor durch den Wegfall des Cabrios auf Basis des Golf III entstandene Lücke. Das Dach liegt hinten sichtbar zusammengefaltet und unter einer

TECHNISCHE DATEN	VW New Beetle RSi
Bauart	Kompaktlimousine
Bauzeit	2000
Motor	Sechszylinder V
Hubraum	3189 ccm
Leistung	224 PS
Getriebe	Sechsgang-Handschalter
Antrieb	Allradantrieb
Gewicht	1251 kg
V$_{max}$	225 km/h

Attraktives Paar: Den New Beetle gibt es als Limousine und als Cabrio.

Persenning verstaut. Natürlich faltet es sich jetzt elektrisch zusammen. Die käfertypischen hohen Seitenfenster, die tiefe Sitzposition und die weit vorn ansetzende Frontscheibe machen das Offenfahren angenehm. Das Cabrio hält das Interesse am New Beetle in Deutschland hoch, auch als die technische Basis Golf IV nicht mehr aktuell ist. Ein leichtes Facelift 2005 hilft ihm 13 Jahre durchzuhalten. Rund 1,2 Millionen Autos werden in Mexiko gebaut.

Beetle   ab 2011

Nicht mehr so lustig-frech wie die Erstausgabe, dafür aber stärker an den ursprünglichen Formgeber erinnernd, so stellt sich die zweite Generation vor, die jetzt einfach nur Beetle heißt. Was hat sich geändert am Erscheinungsbild? Die Dachlinie ist nicht mehr als kleine eigenständige Kuppel ausgeführt, sondern setzt auf der schräg stehenden, gerade geführten A-Säule auf. So war es auch beim alten Käfer und so erhält die Seitenlinie mehr Dynamik. Auch die Form der jetzt kräftiger ausgeführten Kotflügel steht dem Original näher, ebenso die Form der Heckscheibe. Wie beim New-Beetle sind die Scheinwerfer rund gehalten, jetzt aber deutlich größer ausgeführt.

Das alles gibt dem Beetle, etwas länger und breiter und minimal niedriger als sein Vorgänger, einen kräftigeren, in gewissem Sinne ernsthafteren Auftritt. Den Heckspoiler hat der Beetle dem Käfer allerdings voraus. Technische Basis der Neuauflage ist der gerade noch aktuelle Golf VI, und sie behält er auch bis zum allmählichen Auslaufen der Produktion bis 2018. Unverändert liefert ihn das Werk in Mexiko. Vier Motoren – zwei TSI und zwei TDI in der Bandbreite von 105 bis 211 PS – werden im Beetle für Europa verbaut. In den USA kommen zwei weitere Einspritzer mit Turbolader hinzu. Auch den Beetle schmückt ein spektakuläres Sondermodell. Der GSR erinnert an den berühmten gelb-schwarzen Renner 1303 S. Er hat den Motor des Golf GTI mit 210 PS.

Im selben Jahr 2013 kommt das beliebte Cabrio hinzu, drei Jahre später ergänzt um die Version Dune – der Name erinnert an eine frühe Studie des New Beetle – mit etwas mehr Bodenfreiheit. Gleichzeitig erhalten alle Modelle eine leichte Überarbeitung. 2018 hat der offene Beetle wieder seine Sonderstellung im Programm als einziger offener VW, es werden aber nur fertiggebaute Exemplare abverkauft. Die geschlossene Variante wird da schon seit einem Jahr nicht mehr importiert. Bis 2017 werden rund 600.000 Beetle gebaut.

Näher am Käfer: Die zweite Auflage heißt nur noch Beetle, und es gibt sie natürlich auch in offener Version.

Sharan

Familienvan: Der Sharan passt genau zwischen Passat Variant und Bus. Die erste Auflage – hier nach dem Facelift von 2000 – wird 15 Jahre lang produziert.

Sharan   1995 – 2010

Mitunter ist das Volkswagenwerk nicht der Schnellste am Markt, liefert dann aber bemerkenswert ordentliche Arbeit ab, etwa im Falle der Großraumlimousine Sharan aus dem Jahre 1995. Die Fahrzeugkategorie ist da schon etabliert, aber doch noch jung. Der Renault Espace hat da bereits 1984 vorgelegt. VW sieht sich also gezwungen, nachzuziehen, Ford in Europa ebenfalls. So vereinbaren beide Hersteller eine Kooperation, um den eigenen Familienvan gemeinsam zu entwickeln und in einem neuen Werk im portugiesischen Setubal zu bauen. Mit von der Partie ist außerdem die Hausmarke Seat. Ford Galaxy, Seat Alhambra und Volkswagen Sharan unterscheiden sich äußerlich nur durch das markentypische Frontmittelteil. Dieselbe Taktik schlagen übrigens PSA und Fiat mit dem Eurovan ein und sind damit auch noch ein Jahr früher dran.

Immerhin hat Volkswagen ja schon lange einen Familienvan im Angebot, allerdings nicht in der neu gefragten Größe. So muss der Sharan genau die Lücke zwischen Passat Variant und Multivan/Caravelle aus der Transporterbaureihe füllen. Er tut das auch exakt, wobei sich alle drei in der Länge nichts nehmen. Der Unterschied liegt in der Bauhöhe. Der Sharan ist 250 Millimeter höher als Variant, aber um 210 Millimeter niedriger als der Caravelle. Dafür hat er dem Bus einen klaren Vorteil voraus: Die sieben Passagiere finden im Sharan in Längsrichtung verstellbare Sitzbänke vor. Richtig fein wird es in der GL-Version. Drehbare Vordersitze und ein Klapptisch machen aus dem Auto eine Wohnzimmer-Sitzecke. Der Kofferraum hinter der dritten Sitzreihe fällt mit 256 Litern nicht üppig aus, fasst aber problemlos sperrige Güter. Hier hat der Passat Variant mit 465 Litern viel mehr zu bieten, der Caravalle mit 540 Litern am meisten. Bei umgeklappten oder herausgenommenen Sitzbänken rangiert der Sharan vor dem Passat (1500 Liter gegenüber 1200 Litern) und hinter dem Caravelle (2000 Liter).

Die Heckklappe – geöffnet gestattet sie Stehhöhe – und die großen Türen sind absolut familiengerecht. Freilich vermisst man seitliche Schiebetüren wie bei der Konkurrenz von Fiat und Peu-

geot. Der Sharan wird sie erst in der zweiten Generation 2010 erhalten. Die klare moderne Optik ist geprägt von den großen Seitenscheiben und einer weit ins Dach reichenden, stark geneigten Frontscheibe. Kaum etwas ist ganz ohne Nachteil: Die großen Glasflächen verursachen eine hohe Aufheizung des Innenraums bei Sonnenschein. Klimaanlagen haben sich als Standard noch nicht durchgesetzt. Die Ausstattung kennt zunächst drei Stufen, aus CL, GL und Carat werden 1998 wie in den anderen Baureihen Trendline, Comfortline und Highline.

Drei Motorisierungen bilden das Auftaktprogramm, zwei davon hat übrigens auch Ford für seinen Galaxy übernommen. Das sind der TDI-Motor mit 1,9 Litern Hubraum (90 PS) und der VR6 (174 PS). Mit diesem Motor ist der Sharan ein kleiner Star unter den Familienvans. Als einfachste Variante gibt es den Zweiliter-Vierzylinder (85 PS). Schon kurz nach dem Start der neuen Baureihe ergänzt VW sie um die Allradversion Syncro in Kombination mit dem VR6-Motor. Außerdem wird die Automatik eingeführt.

Die erste Überarbeitung im Jahr 2000 fällt dezent aus. Ein Jahr zuvor hat VW das Abkommen mit Ford beendet und baut den Galaxy bis 2005 im Lohnauftrag. Der Alhambra für die hauseigene Marke Seat bleibt natürlich im Spiel. Klarglasscheinwerfer, etwas stärker hervorgehobenes Frontmittelteil, neue Stoßfänger vorn und in der Heckansicht ein kräftiges rotes Band, das alle Leuchten zusammen fasst, genügen äußerlich für diesen Zwischenschritt. Der 115 PS starke TDI in Pumpe-Düse-Technik ersetzt den bisherigen TDI, 2001 kommt ein weiterer TDI mit 150 PS hinzu. Spitzenmotorisierung ist ein VR6 mit 204 PS. Eine neue Fünfgangautomatik

TECHNISCHE DATEN	VW Sharan 2.0 TDI
Bauart	Van
Bauzeit	ab 2011
Motor	Vierzylinder-Reihe
Hubraum	1968 ccm
Leistung	150 PS
Getriebe	Sechsgang-Handschalter/ Doppelkupplung
Antrieb	Vorderräder/Allrad
Gewicht	ab 1697 kg
V_{max}	198 km/h

gibt es jetzt für alle Modelle. Die Sicherheit erhöhen Seitenairbags an den vorderen Sitzplätzen.

Die erste Generation des Sharan bleibt lange 15 Jahre in Produktion. Schnell hat sie sich eine führende Position unter den Großraumlimousinen in Europa erobert. Mit der Premiere des Touran aber, des Vans auf Golf-Basis, verändert sich die Gewichtung innerhalb des VW-Programms. Van Nummer eins ist jetzt der kleinere, aber modernere Touran.

Sharan II   ab 2010

Gegenüber der erste Generation länger (220 Millimeter) und mit größerem Innenraum (Radstand um 80 Millimeter vergrößert) und damit deutlich oberhalb des Touran platziert tritt die zweite Generation an. Jetzt hat er auch die bislang schmerzlich vermissten Schiebetüren – auf Wunsch elektrisch zu betätigen. Der Innenraum ist besser nutzbar dank der voll versenkbaren Einzelsitze in Reihe zwei und drei. Werden sie entfernt, entsteht ein Raum von 2340 Litern. Die Plattform des Neuen stammt jetzt vom Passat. Da die Fahrzeughöhe gegenüber dem Vorgänger unverändert bleibt, wirkt der verlängerte Sharan gestreckter und großzügiger. Der Konzernbaukasten hält alles bereit, was der Van braucht: TDI-Motoren in Common-Rail-Technik (aktuell bis 184 PS) und TSI-Aggregate (bis 220 PS), Sechsgang- oder Siebenganggetriebe mit Doppelkupplung, auf Wunsch permanenten Allradantrieb, die Armaturentafel vom Golf. Eine dezente Überarbeitung 2015 bezieht den Van in den aktuellen Stand der Assistenzsysteme ein.

Vom ersten Sharan entstehen rund 300.000, vom zweiten bis 2017 rund 280.000 Fahrzeuge.

Das hat gefehlt: Schiebetüren auf beiden Seiten gibt es erst beim Sharan II.

Touran

Der Golf unter den kompakten Vans: Der Touran setzt sich vom Start weg durch.

Touran   2003 – 2015

Diesen Ruf hat sich die Marke Volkswagen redlich erarbeitet: Wir sind, wenn es um völlig neue Modellsegmente geht, zwar nicht die Ersten, aber was wir dann bringen, ist rundum gut. Mit dem Familienvan in der Kompaktklasse, dem Touran, in Genf 2003 vorgestellt, ist das jedenfalls gelungen. Andere haben das Feld vorbereitet, VW kommt und erntet fleißig mit. Basis des ersten Touran ist der ebenfalls 2003 eingeführte Golf V. Damit ist dem Touran eine lange Laufzeit garantiert. Somit profitiert er vom gegenüber dem Golf IV verlängerten Radstand – für ihn um weitere 99 Millimeter verlängert – und vom verbesserten Fahrwerk, insbesondere der Mehrlenkerhinterachse.

Äußerlich wirkt er nicht unbedingt wie ein Ableger des Golf. Der Touran tritt weniger sportlich-flott als eben zweckmäßig auf. Er ist ganz klar ein Familienauto, verhältnismäßig zurückhaltend gezeichnet, und die Raumfülle ist geschmackvoll und dezent verpackt. Die große Fläche der Seitenscheiben, der steile Heckabschluss und die sanft geneigte Motorhaube ergeben ein stimmiges Bild.

Wichtiger als bei anderen Modellen ist die Nutzung des Innenraums. Da hat VW alle Register gezogen bis hin (gegen Aufpreis) zur zweiten Rückbank für Mitfahrer fünf und sechs. Die Sitze lassen sich im Kofferraumboden versenken. Der Innenraum ist variabel nutzbar, als eine Art Lieferwagen bei komplett umgelegten und demontierten Sitzen fasst der Touran 1990 Liter. Entsprechend den anderen Modellen im VW-Programm kann der Interessent zwischen den Ausstattungslinien Comfortline, Trendline und Highline wählen. Zum Serienstandard gehören in Sachen Sicherheit Fahrer- und Beifahrerairbags, Seitenairbags vorn und Kopfairbags für die erste und zweite Sitzreihe sowie das Elektronische Stabilisierungsprogramm (ESP). Die Klimaanlage ist schon üblich geworden, ab der Ausstattung Trendline ist sie Serie. Die gute Straßenlage und die stets gelobte Verarbeitung tragen sehr zum Erfolg des Touran bei.

Die schwächsten und die stärksten Motoren haben im Touran keinen Platz gefunden, dafür alle in der Mittellage. Das Spektrum reicht vom 1.9 TDI (100 PS) und zwei 1.6-Benzinern – einer davon schon aus der FSI-Abteilung – bis zum 2.0-Turbodiesel (140 PS). So bleibt es im Prinzip über die ganze Laufzeit, immer in Anlehnung an das jeweils aktuelle Golf-Programm. Auch der Erdgasmotor aus dem Golf hat seine Berechtigung im Touran, GTI oder andere Hochleistungskennzeichen dagegen nicht.

Auch beim Van darf es ein bisschen mehr sein: Der CrossTouran nach dem ersten Facelift.

Der erste Touran in der letzten Stufe: Die Front ist an das aktuelle Erscheinungsbild der Marke angepasst.

Nach vier Jahren ist es Zeit für eine kleine Auffrischung. Besonders die Front erfährt eine deutliche Aufwertung, Scheinwerfer, der Kühlergrill mit kräftiger Chromeinfassung und neue Stoßfänger machen das Familienauto moderner und passen es an Golf und Jetta an. Und trotz aller Betonung der Vernunft im Bereich Familienauto gibt es ab 2007 doch etwas Avantgarde: der Cross Touran spielt – einer aktuellen Automode folgend – mit Stylingelementen

des geländetauglichen Autos. Dabei ist die Bodenfreiheit nur um 10 Millimeter erhöht. Die schwarz abgesetzten Radläufe und Schutzleisten stehen dem Auto aber nicht schlecht.

Die zweite Aktualisierung der Baureihe erfolgt bereits 2010 und wird fünf Jahre Bestand haben. Äußerlich ist eine Anpassung an den soeben vorgestellten neuen Sharan das Ziel, damit verbunden auch die Einführung des nun aktuellen VW-Gesichts. Op-

TECHNISCHE DATEN	VW Touran 1.6 TDI
Bauart	Van
Bauzeit	2011 – 2016
Motor	Vierzylinder-Reihe
Hubraum	1598 ccm
Leistung	105 PS
Getriebe	Sechsgang-Handschalter, Siebengang-Doppelkupplung
Antrieb	Vorderräder
Gewicht	1465 kg
V_{max}	183 km/h

timierung in der Raumausnutzung und neue Motoren aus dem Golf-Regal – mehr ist nicht zu tun an dem nun schon sieben Jahre produzierten Erfolgsmodell: Rund 1,6 Millionen Touran werden gebaut.

Touran II ab 2015

Zwölf Jahre nach der Premiere ist es aber doch Zeit für einen echten Nachfolger. Inzwischen ist VW beim Golf VII angekommen, entsprechend ist auch der neue Touran ausgelegt. Das heißt: neuer modularer Querbaukasten, was mehr einen produktionstechnischen Fortschritt darstellt, als dass es der Käufer bemerkte. Die frische Optik orientiert sich am Stil des Hauses: das breite Band von Kühlergrill und Frontscheinwerfer, umgestaltete Lufteinlässe, stärker konturierte Seitenwände und größere Heckleuchten. Auf den ersten Blick sieht der Touran dem Golf Sportsvan ähnlich, sicheres Unterscheidungsmerkmal ist das längere dritte Seitenfenster.

Der neue Touran hat mehr Platz als der Vorgänger – immerhin 130 Millimeter in der Länge sind hinzugekommen. So stärkt er seine alte Tugend als geräumiger Kompaktvan. 743 Liter fasst der einfache Kofferraum jetzt, 1980 Liter sind es ohne hintere Sitze. Wie jedes neue Modell beschert auch der Touran den aktuellen Standard an Assistenzsystemen einschließlich eines Anhänger-Rangierassistenten – nicht unwichtig für ein Auto, das gern mit Boots- oder Wohnanhänger gefahren wird.

Favorit bei Familien: Touran der zweiten Generation

CADDY UND CO.

An der Schnittstelle von Personenwagen und Nutzfahrzeug stehen die Caddy-Modelle von Volkswagen. Aus ihnen ist eine lange und bis heute laufende Reihe von Modellen geworden, die zum Teil zur Polo-Klasse und zum Teil zum Golf zählen. Der allererste Caddy aus dem Jahr 1980 – die Bezeichnung mit Bezug zum Golfsport belegt die Zugehörigkeit – ist ein Golf und nimmt nicht nur als erster Pickup überhaupt eine besondere Stelle in der VW-Geschichte ein. Er wird komplett in Jugoslawien produziert. Die Firma TAS in Sarajevo beliefert die VW-Verkaufsorganisation.

Es gibt den Caddy mit den einfachen Benzin- und Dieselmotoren (55 PS und 50 PS), die relativ lange Ladefläche lässt sich auch mit einem Kasten verschließen. Die Produktion läuft weit über die des Golf I aus Wolfsburg hinaus und findet ein buchstäblich gewaltsames Ende, als das Werk 1992 im Zuge des Jugoslawienkriegs zerstört wird. Außer in Sarajevo wird der Caddy auch viele Jahre lang in Südafrika gebaut.

Es dauerte fünf Jahre bis zu einem Nachfolger. Wieder hat VW ausländische Werke für die Produktion eingespannt. Die zwei geschlossenen Varianten Kastenwagen und Kombi basieren auf dem aktuellen Polo und kommen aus Spanien, während der Pickup eigentlich ein Skoda Felicia ist, der baugleich auch über den Skoda-Vertrieb angeboten wird. VW hatte die traditionsreiche tschechische Marke 1991 übernommen. Das Modell ist bislang der letzte Pickup in der kleinen Baureihe geblieben. Der geschlossene Caddy bringt es mit seinem hohen Aufbau auf ein Ladevolumen von 2,9 Kubikmetern wie einst der Fridolin, allerdings bei zwei Sitzplätzen. Die Caddy auf Polo-Basis bleiben Nutzfahrzeuge.

Deutlich eigenständiger ist die dritte Caddy-Generation ab 2004. Sie basiert auf dem Van Touran und bringt somit die Technik des Golf V mit. Äußerlich ist er eigenständig, die neue Kastenform erlaubt jetzt 3,2 Kubikmeter Volumen und bald auch eine Pkw-Vari-

Die Caddy Family: Es beginnt mit dem Golf als Pritschenwagen oder besser Ute oder Pickup, geht weiter mit dem auch als Pkw nutzbaren Seat-Lieferwagen (rechts) und mündet in die eigenständige Baureihe (Mitte).

ante. Vier Motoren stehen zur Wahl, am oberen Ende der Liste steht ein 104 PS starker TDI. Mehr und mehr interessieren sich private Käufer für den Caddy als Alternative zum Touran, besonders für den mit langem Radstand (ab 2007). Eine gründliche Überarbeitung erfährt die Baureihe 2010, vor allem durch sechs neue TDI- und TSI-Motoren. Die Frontpartie ist ähnlich dem T5 kantiger und präg-

nanter ausgeführt und die Ausstattung aufgewertet. Ab 2015 gibt es insgesamt acht Motoren, darunter erstmals auch ein mit Erdgas betriebenes Aggregat. Die optische Anpassung von Front und Heck – T6 und Caddy feiern gleichzeitig Premiere – betont den gemeinsamen Auftritt der Nutzfahrzeuge und der Pkw von Volkswagen. In beiden Bereichen ist die Baureihe inzwischen sehr erfolgreich.

Variabel: Den heutigen Caddy gibt es in zwei Längen, seine Stärke ist die enorme Vielseitigkeit.

Tiguan

Gefällig und für ein SUV eher unauffällig:
Der Tiguan pflegt den seriösen Auftritt.

Tiguan   ab 2007

Diese Lücke im Angebot musste geschlossen werden: Der halbwegs geländetaugliche komfortable Kompaktwagen mit hoher Sitzposition hat die Kundschaft bereits vor dem ersten Volkswagen stark angezogen. Was mit Toyotas RAV4 und dem Land-Rover Freelander begonnen hatte, setzte sich unter anderem mit Honda CR-V und BMW X3 fort. Sport Utility Vehicles (SUV) stehen weltweit hoch im Kurs. Nun also kommen die Wolfsburger mit dem Tiguan.

Dramatisch ist der späte Zeitpunkt des VW-Eintritts in diese Kategorie aber auch nicht, denn andere – Citroën, Peugeot und Renault – lassen sich noch mehr Zeit, der Nissan Qashqai kommt kurz vorm Tiguan. 2007, fünf Jahre nach der Premiere des größeren Touareg, ist VW also so weit. Der Tiguan als Golf-SUV betritt die Arena (Typbezeichnungen mit T zu Beginn stehen ab jetzt für die SUV von VW). In Deutschland stürmt er gleich die Hitparade. Die rund 50.000 Neuzulassungen in den folgenden Jahren bedeuten 12 Prozent im Segment der Geländewagen und damit Platz eins. Insgesamt werden bis Ende 2017 2,8 Millionen Einheiten produziert sein.

Der Tiguan wirkt gefällig und unaufdringlich. Das Design des nur als Viertürer lieferbaren Autos orientiert sich am Golf, hat aber dennoch ein klares, eigenes Erscheinungsbild. Das Allradauto verkörpern die stark ausgeprägten Kotflügel, die schwarz abgesetzten

Radläufe und der ebenfalls schwarze matte Schutzstreifen unten, der den Lack vor Beschädigungen bei der Geländefahrt schützen soll. Die deutlich betonte, kantige, nach hinten ansteigende Gürtellinie verstärkt den muskulösen Auftritt, ebenso die Motorhaube. Sie überragt die Kotflügel und geht harmonisch über in das Frontmittelteil. Da gibt es zwei Varianten – Track & Field bietet einen günstigeren Böschungswinkel und sieht mehr nach Off-Roader aus, Trend & Fun sowie Sport & Style sind Pkw-ähnlicher.

Die Frage ist so alt wie die Fahrzeuggattung der SUV: Wer fährt wie oft damit ins Gelände oder auch nur auf schlechten Wegen? Kaum einer. Hauptargument fürs SUV bleibt die hohe, bequeme Sitzposition. So hat der Tiguan gegenüber dem Golf 186 Millimeter mehr an Fahrzeughöhe zu bieten, gegenüber dem Golf Plus immer noch 85 Millimeter. Das bedeutet bequemeren Einstieg und mehr Kopffreiheit. Platzverhältnisse und Verarbeitung werden allgemein gelobt, und die Preise sind offenbar richtig kalkuliert für den Markt. In Deutschland beginnt die Liste zum Zeitpunkt der Einführung bei 27.200 Euro. Dafür bekommt man auch einen Passat in mittlerer Preislage, einen sehr gut ausgestatteten Golf oder einen Touran im oberen Segment. Der Blick auf die Konkurrenz zeigt Nähe zu Honda und Toyota und Abstand zum Preisschlager Nissan.

Zur Geländegängigkeit: Volkswagen verwendet zu dieser Zeit schon den Antrieb mit Haldex-Kupplung. Die motornahe Achse ist ständig angetrieben, die zweite lässt sich elektronisch gesteuert

Weiterentwicklung und Facelift: Tiguan der ersten Generation ab 2011.

bei Bedarf zuschalten. Für schlechte Wege reicht das allemal, im Gelände setzt die mehr am Straßenbetrieb orientierte Bodenfreiheit Grenzen. Zum Ziehen von Wohnwagen oder Bootsanhängern aber, zumal auf nasser Fahrbahn, ist der Tiguan gut geeignet.

Das Modell gehört zwar zur Golf-Familie, vom Passat hat es aber die Achsen, die für den Geländeeinsatz verstärkt sind. Die TSI-Motoren mit 1,4 und zwei Litern Hubraum – letzterer mit 170 oder 200 PS sowie zwei TDI (140 und 170 PS) erhält der kleine SUV zum Start. Das Sechsgang-Doppelkupplungsgetriebe gibt es für den größeren TSI-Motor und für den TDI mit 140 PS. Die Bezeichnung „4Motion" für den Allradantrieb trägt der Tiguan als kleiner Bruder des Touareg wie selbstverständlich – ab 2009 allerdings nicht mehr ganz, denn da gibt es ihn nun auch mit reinem Frontantrieb. Die meisten SUV-Kunden kaufen eben Sitzhöhe und Image. Vorbehalten ist der Fronttriebler dem 1.4 TSI und dem schwächeren der TDI-Motoren. Alle Motorisierungen bleiben aber auch mit

Allradantrieb lieferbar. Der Preis für die Ehrlichkeit („Ich brauche keinen Allradantrieb") schlägt sich in einem Vorteil von 1400 Euro nieder. 2011 erfährt der Tiguan eine erste Erneuerung. Er erhält das aktuelle Markengesicht. Neu ist das Doppelkupplungsgetriebe mit jetzt sieben Gängen, der Topdiesel leistet 210 PS.

Damit ist die Baureihe noch einmal aktualisiert. Fünf Jahre später, neun Jahre nach dem Start, hat der Tiguan I dann aber ausgedient. Der Nachfolger kommt breiter, flacher und länger daher, er rückt insgesamt ein Stück in der Palette nach oben, was auch der um 80 Millimeter größere Radstand zeigt. Der Tiguan II ist eine Neukonstruktion aus dem Modularen Querbaukasten. Insgesamt wirkt er kräftiger und martialischer. Das stark dominierende VW-Gesicht trägt jetzt drei kräftige Chromstreben, von denen die obere und die untere die breiten Scheinwerfer einschließen. Sie sind ebenso eine klare Ansage wie die gegenüber der ersten Generation verstärkten Gelände-Applikationen wie Unterfahrschutz und untere Schutzleisten. Damit zeigt der neue Tiguan das VW-Design der Zukunft für die SUV. Ab Sommer 2018 trägt es auch der Touareg.

Außer der Off-Road-Variante gibt es nun auch die sportliche R-Line, zwei Modelle nur mit Vorderradantrieb bleiben im Programm. Vierzylindermotoren in der Leistung von 125 PS (1.4 TSI) bis 240 PS (2.0 TSI) stehen in insgesamt neun Varianten zur Verfügung. Ab 180 PS ist der Allradantrieb Serie. Ein Jahr später wächst der Tiguan erneut, aber nur auf Wunsch: Die um 210 Millimeter gestreckte Langversion namens Allspace erweitert das Programm. 2019 soll der nächste Entwicklungsschritt erfolgen, dann ist auch ein Tiguan-Coupé vorgesehen – und der erste Hybrid der Baureihe ebenfalls.

TECHNISCHE DATEN	VW Tiguan Allspace 2.0 TSI
Bauart	SUV
Bauzeit	ab 2017
Motor	Vierzylinder-Reihe
Hubraum	1984 ccm
Leistung	220 PS
Getriebe	Siebengang-Doppelkupplung
Antrieb	Allrad
Gewicht	1594 kg
V_{max}	223 km/h

Neue Größe: Den Tiguan II gibt es auch als Allspace.

Touareg

Markteintritt im Jahre 2002: Mit dem Touareg mischt auch Volkswagen im lukrativen SUV-Segment mit.

Touareg

Nach dem Experiment mit der Oberklasse-Limousine Phaeton startet die Marke 2002 in einer ebenfalls bis dahin noch nicht von Wolfsburger Produkten besetzten Kategorie: SUV. Sport Utility Vehicles, nennen sich die in den USA populär gewordenen Pseudo-Offroader – fünf- und mehrsitzige große Kombis, stark motorisiert und auch auf den Abstecher in leichtes Gelände vorbereitet. Kaum ein Hersteller bleibt da passiv. Auch Sportwagenbauer Porsche will mitmischen, VW nicht bloß zuschauen, und so beschließt man die gemeinsame Entwicklung, die auch den Konzernbruder Audi mit dem Q7 (ab 2005) einschließt. Porsche Cayenne und Volkswagen Touareg – nach dem afrikanischen Nomadenvolk benannt – machen den Anfang.

Bei Motoren und Kraftübertragung gehen die Partner von Anfang an getrennte Wege. Fahrwerk, Karosserie und vor allem die Herstellung im VW-Werk Bratislava (für Porsche nur die Karosserie) teilen sie sich. Der Marke entsprechend ist der Cayenne höher positioniert. Während Porsche zunächst nur eigene V8-Motoren einsetzt – Diesel aus dem Konzernbaukasten erst ab 2009 – und so eine Luxusmarkierung setzt, zielt VW mit seiner Palette mit Fünf- und Sechszylindern sowie Dieselmotoren vom Start auch auf den gehobenen Mittelstand. Das zeigt sich natürlich in den Preisen der einander ähnelnden, aber doch recht unterschiedlichen

Brüder: 2003 kosten der Touareg V6 als Einstiegsmodell 42.000 Euro, der Porsche Cayenne S in derselben Funktion 60.000 Euro.

Beide Modelle fahren von Anfang an Verkaufserfolge ein und bleiben fester Bestandteil der Programme. Der VW Touareg hat für VW das Segment der SUV eröffnet, es gibt ihn nun schon in der dritten Generation. Seit der Premiere des Tiguan auf Golf-Basis (2007) ist er nicht mehr allein im Programm, markiert aber klar die Spitze.

Touareg I   2002 – 2010

Schon die Optik liefert ein wesentliches Unterscheidungsmerkmal. Wo der in der Regel stärker motorisierte Porsche bewusst seine Größe zeigt und sich eine fast aggressiv wirkende Frontpartie leistet, kommt der Volkswagen gedämpfter und harmonischer ins Bild. Die Front ist dem neuen Markengesicht angepasst, trägt den verchromten Kühlergrill mit zwei Stegen und dem großen Markenzeichen in der Mitte. Motorhaube, Scheinwerfer und Stoßfänger ergänzen einander zur fließend wirkenden Einheit.

Dank der drei großen, steil stehenden Seitenscheiben wirkt die stattliche Größe des Autos nicht aufdringlich. Hinten teilen die großen, um die Kanten und bis in die Heckklappe reichenden Heckleuchten die Flächen geschickt auf. Immerhin sind 4754

Millimeter Gesamtlänge zu verpacken gewesen bei 1,90 Metern Breite und 1,70 Metern an Höhe. Geräumigkeit, Komfort und eine Ausstattung mit luxuriösen Accessoires gehören in dieser Klasse dazu. Die Achtzylinder-Varianten erhalten sogar die stufenlosen Luftfederung aus dem Phaeton statt der serienmäßigen Schraubenfedern – ein klarer Hinweis auf das Segment Oberklasse.

Das mehr als zwei Tonnen schwere Auto erlaubt eine Zuladung (einschließlich Passagiere) von 720 Kilogramm, die Anhängelast ist mit 3,5 Tonnen ebenfalls ordentlich. Die Nutzbarkeit – das U in der Segmentbezeichnung SUV – kommt also nicht zu kurz. Gerade als Zugfahrzeug bewährt sich der Touareg.

Der Fahrspaß kommt auch nicht zu kurz. Der V6 mit seinen 220 PS dient als Einstieg, der V8 mit 4,2 Litern Hubraum und 312 PS folgt 2003. Als Diesel nimmt VW zunächst den V10-TDI (312 PS), ab 2003 zusätzlich auch den Fünfzylinder-TDI (174 PS). Der absolute Spitzenmotor lässt auch nicht allzu lange auf sich warten.

Schon vom Phaeton bekannt und auch im zum Konzern gehörenden Bentley Continental verbaut, kommt der W12 im Jahr 2005 ins Programm: 450 PS aus sechs Litern Hubraum, Beschleunigung auf 100 in 5,9 Sekunden, die wahre Höchstgeschwindigkeit verheimlicht das werkseitig verhängte Tempolimit von 250 km/h. Und das alles mit drei Tonnen Gesamtgewicht.

Dass der Verbrauch von 15,9 Litern (Laborwert) Superbenzin auf 100 Kilometern nicht allen gefällt, liegt auf der Hand. Tatsächlich beschäftigt die Öffentlichkeit zu dieser Zeit eine Debatte um den Verbrauch der SUV – den durchschlagenden und lang anhaltenden Erfolg der ganzen Fahrzeugklasse hält das aber überhaupt nicht auf. Außerdem muss es ja nicht ein W12 sein, das 97.500 Euro teure Auto erreicht nur sehr kleine Stückzahlen. Wer den nur 40.000 Euro teuren Fünfzylinder-TDI (174 PS) wählt, kann einem eventuell skeptischen Bekanntenkreis von 9,5 Litern auf hundert Kilometern berichten.

Ein besonderer Touareg: Die limitierte Serie heißt Luxus Limited, aufgelegt nach dem Facelift.

Die kleineren Motoren haben Sechsgang-Schaltgetriebe, in der Regel kommt aber eine Sechsgang-Automatik zum Einsatz. Doppelte Dreiecksquerlenker vorn und die Mehrlenkerhinterachse machen das Fahrwerk fit sowohl für den Straßeneinsatz als auch die Geländefahrt. Der Allradantrieb ist permanent, ein zentrales Differenzial sorgt für die Verteilung der Kraft, ein Reduktionsgetriebe für Geländeuntersetzung.

Zum Schlussspurt für die letzten drei Jahre erhält der Touareg 2007 eine leichte Überarbeitung, die sich äußerlich auf geänderte Scheinwerfer und Stoßfänger beschränkt. Wichtiger sind neue Motoren, so der FSI-Motor als V6 und ein V6-TDI. Ziel ist geringerer Kraftstoffverbrauch. Das erste Kapitel der großen SUV von VW ist bis zum Schluss von Erfolg geprägt. Der Touareg bringt es auf eine Gesamtstückzahl von rund 400.000.

Größer zwar, aber leichter und in aerodynamisch optimierter Karosserie – das sind die klaren Botschaften an die Kundschaft, aber auch in Richtung Öffentlichkeit, die teilweise immer noch mit den SUV hadert. 200 Kilogramm bringt der Touareg in der Basisversion jetzt weniger auf die Waage. Leichtbau, hochfeste Stähle und eine Vereinfachung des Allradantriebs haben das ermöglicht. Die Verteilergetriebe mit Reduktion und Sperre gibt es nur noch auf Wunsch, beim permanenten Allradantrieb als Serie ist es aber geblieben.

Außerdem feiert der Touareg Hybrid Premiere – ebenfalls eine Botschaft in alle Richtungen. Der erste seiner Art bei VW kombiniert einen V6 aus dem TSI-Regal mit 333 PS und einen Synchron-Elektromotor mit 34 kW, was eine Gesamtleistung von 380

TECHNISCHE DATEN	VW Touareg V8 TDI
Bauart	SUV
Bauzeit	2015 – 2018
Motor	Achtzylinder V, Turbodiesel
Hubraum	4124 ccm
Leistung	340 PS
Getriebe	Achtgang-Automatik
Antrieb	Allrad
Gewicht	2185 kg
V_{max}	242 km/h

PS ergibt. Die Speicherung besorgt eine Nickel-Metall-Hydrid-Batterie. Es handelt sich um einen Parallelhybrid, der Elektroantrieb arbeitet also unterstützend. Der Verbrauch nach EU-Norm ist auf 8,2 Liter auf hundert Kilometer gefallen – 1,7 Liter weniger als der reine Benziner mit 280 PS. Tatsächlich bleibt die Nachfrage nach dem Touareg Hybrid schwach, wohl auch, weil der 3.0 V6 TDI (240 PS) auch nur 9,1 Liter verbraucht. Als zweiter Dieselmotor steht jetzt außerdem der von Audi übernommene V8-TDI zur Wahl.

Erstes Erkennungszeichen des Neuen ist die markanter herausgearbeitete Front einschließlich Klarglasscheinwerfern. Deutlich größer sind auch die vorderen Lufteinlässe ausgefallen. Ansonsten steht er als vertraute Erscheinung vor dem Betrachter. Innen freuen sich die Nutzer über mehr Platz auf der hinteren, nun in Längsrichtung verstellbaren Rückbank. Zu den weiter entwickelten Assistenzsystemen zählen der Spurassistent, die radargesteuerte Distanzregelung und das Kamerasystem, das das ganze Fahrzeugumfeld im Display abbildet. Automatisch abschaltendes Fernlicht ist nun ebenfalls verfügbar, genauer: der adaptive Fernlichtassistent. Das kleine Facelift 2014 beschert Xenon-Licht und ein abgewandeltes Gesicht, wie es bald auch der Passat tragen wird – so bleibt der Touareg fit bis zur Ankunft der dritten Generation. Er bringt es auf rund 250.000 Fahrzeuge.

Touareg II: Das geglättete Markengesicht macht ihn unauffälliger als den Vorgänger.

Touareg III ab 2018

Nach dem Wegfall des Phaeton gebührt dem Touareg uneingeschränkt der Spitzenplatz im Modellprogramm von VW. Das zeigt er auch deutlich nach außen. Das stark aufgewertete Erscheinungsbild prägen der breite, reichlich Chrom tragende Kühlergrill und der leichte Hüftschwung der Gürtellinie in Höhe der C-Säule. Als Touareg zu erkennen ist er aber auf den ersten Blick, erneut leicht gewachsene Dimensionen (in der Länge 77 Millimeter) bei unverändertem Radstand fallen nicht auf. Und leichter ist der Touareg auch noch einmal geworden, 106 Kilogramm haben die Entwickler diesmal eingespart.

Die Ära der Dieselmotoren nach der Norm Euro 6d ist angebrochen, mit dem Dieselskandal haben dessen Abgaswerte nichts mehr zu tun. Die V6-TDI leisten 231 PS und 286 PS, der sparsamere wird mit 6,9 Litern (Laborwert) auf 100 Kilometer geführt – gegenüber dem Vorgänger sind das bei derselben Messmethode 2,3 Liter weniger. Der V6-Benziner (340 PS) und der V8-Turbodiesel (421 PS) folgen bald nach der Premiere. Und es gibt auch wieder einen Hybrid – diesmal als Plug-in mit einer Systemleistung von 367 PS. Neu ist die Allradlenkung.

Alle drei Ausstattungslinien Elegance, Atmosphere und R-Line vermitteln das Gefühl von Luxus. Information, Kommunikation und Unterhaltung sind mannigfach präsent, Assistenzsysteme ebenfalls, LED-Scheinwerfer leuchten nicht nur, sondern scheinen auch mitzudenken, etwa mit Kurvenlicht oder breiterer Ausleuchtung in der Geländefahrt. Die Preise beginnen bei 60.000 Euro.

Oberklasse von Volkswagen: Der Touareg III steht an der Spitze des Programms.

T-Roc

Das S in SUV steht für Sport: Der T-Roc zeigt es deutlich – hier in schicker Zweifarb-Lackierung mit hellem Dach.

T-Roc   ab 2017

Unter den kompakten SUV ist der Tiguan bereits seit mehr als zehn Jahren eine feste Größe und ein Renner, ja: gleichsam ein Klassiker. VW legt Ende 2017 mit dem T-Roc ein weiteres Angebot nach. Mit dem eher sportlich orientierten Kompakt-SUV folgt das Werk auch dem Beispiel der Konkurrenz. Das T in der Typbezeichnung nimmt Bezug auf die Stammväter Touareg und Tiguan, Roc soll an zu überwindende Felsen erinnern.

Im Prinzip brauchen die Entwicklungsingenieure nur ins Regal zu greifen, der Modulare Querbaukasten des Konzerns hat alles Notwendige parat. Die Plattform gibt der Golf ab, die Motoren sind komplett vorhanden, Allradantrieb und Siebengang-Doppelkupplungsgetriebe längst eingeführt. Die Liste aktueller Assistenzsysteme – teilweise gegen Aufpreis – ist stattlich. City-Notbremsassistent, Fußgängererkennung, Multikollisionserkennung und Spurhalteassistent etwa lassen sich ordern.

Das alles gibt es auch in anderen VW-Modellen. Die Hauptsache an diesem Auto ist das emotionale Äußere. Der T-Roc strahlt locker sich entfaltende Kraft aus, dafür sorgen die kräftig ausgeformten Radläufe vorn und hinten. Sie gehen fließend in Frontscheinwerfer und Kühlermaske sowie in die Heckleuchten über. Das Design hat trotz relativ hoher Fenster und der vier Türen etwas coupéartiges – das S in SUV ist damit ausdrücklich und viel mehr als beim Tiguan bedient. Die Sitzposition ist hoch genug für bequemen Einstieg, die Platzverhältnisse besser als im Golf und knapper als im Tiguan – das passt in ausreichendem Maß zum U.

Über dem Basismodell stehen die Ausstattungslinien „Sport", „Style" und „R-Line" mit besonders sportlichem Erscheinungs-

bild. Auf Wunsch verstärken abweichende Dachfarben die optische Wirkung. Insgesamt sechs TDI- und TSI-Motoren zwischen 115 PS und 190 PS stehen zur Wahl, ebenso die dazu passenden manuellen Schalt- und Doppelkupplungsgetriebe als Alternative.

Der T-Roc wird nicht lange der kleinste SUV bei VW bleiben. Schon für den Spätsommer 2018 hat VW den T-Cross auf Basis des Polo angekündigt.

Iltis

Iltis für die Sandgrube:
Das Angebot des zivilen Geländewagens
ist nicht attraktiv genug.

Iltis 1978 – 1982

Dieser Geländewagen hat im VW-Programm keinen Vorgänger und keinen Nachfolger – ein Solitär mit eigener Geschichte. Ursprung ist ein Auftrag der Bundeswehr, die ein Nachfolgefahrzeug für den Mehrzweckwagen genannten DKW Munga benötigt. Das Erbe der Auto Union liegt aber in Ingolstadt bei Audi. Dort wird der Iltis auch konstruiert und gebaut. Mit demselben Radstand wie der Munga, nun aber mit einem Viertaktmotor und allen Attributen des Militärfahrzeugs kommt das Auto als VW Iltis zum Bund. Kurze Überhänge, große Bodenfreiheit und der kurze Radstand ermöglichen flexiblen Geländeeinsatz. Als Vortrieb müssen 75 PS aus einem Audi-Vierzylinder mit 1,7 Litern Hubraum genügen. Vom Allradantrieb lässt sich auf Hinterradantrieb umschalten. Die Karosserie sitzt auf einem Kastenrahmen, die einfachen, robusten Achsen sind mit einer Querfeder ausgerüstet. Ein Überrollbügel schützt die Insassen.

So tut der Iltis Dienst, insgesamt 8800 Einheiten nimmt die Bundeswehr wie vereinbart ab. Dort hat man ja auch schon mit dem VW 181 gute Erfahrungen gemacht. Das gerade aufkeimende Interesse an zivil zu nutzenden Geländewagen verleitet VW, auch mit dem Iltis zu versuchen, was mit dem 181 ganz gut geklappt hat. Der Iltis wird optisch aufgewertet und erhält auf Wunsch statt Planenverdeck und Stofftüren einen festen Kunststoffaufbau. Die Mühe ist allerdings vergeblich, der Preis von mindestens 35.225 Mark wird am Markt nicht akzeptiert. Auch ein erstaunlicher Doppelsieg in der Pkw-Wertung der Rallye Paris-Dakar 1980 – das Siegerauto gehört heute zum Wolfsburger Museumsbestand – kann ihm nicht zum Durchbruch verhelfen. Militärisch ist der Iltis nach Auslaufen des Bundeswehrauftrags aber noch nicht am Ende. Zwischen 1984 und 1986 baut die kanadische Firma Bombardier noch weitere leicht geänderte Exemplare fürs kanadische und fürs belgische Militär.

Taro, Amarok

Nutzfahrzeug: Für den Taro mit kurzer oder langer Kabine interessieren sich fast nur professionelle Anwender.

Taro　　　　　　　　　　　　1989 – 1996

Dieses Auto lässt sich ausschließlich auf der Vernunftsebene betrachten: Ein robuster Pickup in der Nutzlastklasse von einer Tonne fehlt Ende der 1980er Jahre im Programm von VW – und allen übrigen deutschen Herstellern. Um den Markt schnell bedienen zu können, kaufte das Werk sich das Auto einfach ein. Der Volkswagen Taro ist ein in Hannover, später in Emden montierter Toyota Hilux, der ja seinerseits den Ruf annähernder Unzerstörbarkeit besitzt. Eine Auswahl vierzylindriger Otto- und Dieselmotoren, wahlweise Allradantrieb und drei Kabinengrößen ergeben ein äußerst vielseitiges und belastbares Nutzfahrzeug. Montiert werden bei VW sowohl Taro als auch die Hilux für Europa. Heute ist der Taro fast vergessen, obwohl die Stückzahlen gar nicht so klein waren – rund 70.000 Einheiten beider Markenzeichen in acht Jahren. Die Fertigung lief von Anfang 1989 bis 1996.

Amarok　　　　　　　　　　　　ab 2010

Einen Pickup gibt es ansonsten bei VW nur in Form des Caddy – mal auf Golf-I-Basis, mal auf der des Skoda Felicia. Dann kommt der Amarok, und er kommt richtig gut. Von Anfang an ist der aus argentinischer Produktion stammende und nun auch in Hannover gebaute Pickup ein Erfolg. Im Gegensatz zu Taro-Zeiten interessiert sich nun immer mehr private Kundschaft für Pickups, insbesondere für attraktiv auftretende geländetaugliche Fahrzeuge mit Doppelkabine. Die gehört beim Amarok neben der einfachen Ausführung von Anfang an dazu. Im Vergleich zu manchen Pickup-Modellen namentlich aus den USA tritt der Amarok beinahe zurückhaltend auf.

Zwei Turbodiesel mit 140 oder 180 PS reichen zunächst. Wer das Nutzfahrzeug sucht, findet an 1,15 Tonnen Zuladung in der einfachen Version und drei Tonnen Anhängelast Gefallen. Der Allradantrieb ist zuschaltbar und folgt dem 4Motion-Konzept von VW. Einfach und robust und somit auf Strapazierfähigkeit ausgelegt – Starrachse und Blattfedern hinten – zeigt sich das Fahrwerk.

Mit der Zeit wird der Amarok aufgewertet. Beim Facelift 2016 zieht mehr Komfort ein mit Ausstattungselementen aus dem Touareg. Neue, stärkere Motoren, etwa ein Dreiliter-V6-TDI, die bis zu 224 PS leisten, stammen ebenfalls aus dem Touareg. Das alles hat den Freizeiteinsatz im Visier, denn der ist das Feld des Ama-

Der Amarok hat einen Wolf aus der Eskimo-Mythologie zum Paten und ist ein Lifestyle-Pickup in bester US-Tradition.

rok. Dazu kommen noch Nischen wie kommunaler Dienst oder die Feuerwehr. Das Modell mit einfacher Kabine braucht man aber auch dafür in der Regel nicht, deshalb wird es ab 2016 nicht mehr angeboten. Auffälliger Chromschmuck an Ladefläche oder als Trittbrett findet ebenso Abnehmer wie Optimierung am Fahrgestell für die Geländefahrt. Die Ausstattungslinien heißen Canyon oder Aventura und sind genau auf die Klientel zugeschnitten. Der Pickup hat sich bei VW etabliert.

Phaeton

Volkswagen in der Luxusklasse:
Der Phaeton passiert die spektakuläre
„Gläserne Manufaktur" in Dresden.

Phaeton   2002 – 2015

Volkswagen betritt den Markt der Oberklasseautos – selten erregt eine Programmerweiterung so viele Emotionen wie der Auftritt des Phaeton im Dezember 2001. Die öffentlichen Reaktionen sind überwiegend negativ: „Lieblingskind" des Vorstandsvorsitzenden Ferdinand Piëch, zugeschnitten auf seine persönlichen Bedürfnisse, Parallelentwicklung zum Audi A8, wie kann ein „Volkswagen" über 100.000 Euro kosten? Gern gelacht wird auch über den Namen, dessen Pate, der Sohn des Sonnengottes Helios in der griechischen Mythologie, bekanntlich mit dem Sonnenwagen des Vaters scheiterte, von Zeus gleichsam abgeschossen wurde und eine gewaltige Katastrophe auslöste. Da hilft es auch wenig, dass der Begriff noch aus dem Kutschenbau stammt und eine offene Karosserie bezeichnet, deren beide Sitzreihen nach vorn gerichtet sind.

Auf der anderen Seite argumentiert Volkswagen mit seiner Kompetenz für alle Marktsegmente und mit dem Effekt, dass eine Oberklasselimousine wie bei anderen Marken auch auf das übrige Programm Glanz wirft, unabhängig von rentablen Stückzahlen. Dazu kommt die spektakuläre Idee, das besondere Auto in einem eigenen Werk zu bauen. Die Gläserne Fabrik in Dresden wird zur Attraktion. Auch wenn es sich nur um eine Endmontage mit 500 Mitarbeitern handelt – das Abholerlebnis zusammen mit der Transparenz moderner Architektur wertet die Baureihe auf.

Auch dafür gibt es zunächst Kritik: Eine Automobilfabrik mitten in der Stadt passt natürlich nicht zum Umweltdenken der Zeit. VW kontert geschickt mit der Aufsehen erregenden Gütertram, die alle Teile für die Endmontage auf Straßenbahngleisen vom Güterbahnhof ins Werk bringt.

Es ist durchaus mutig, ein so hochwertiges und teures Oberklasseauto derart seriös-zurückhaltend zu gestalten. Damit unterscheidet sich der Phaeton von der Konkurrenz. Er tritt auf wie ein sehr großer Passat, wirkt aber nicht aufgeblasen. Länger (300 Millimeter), breiter (155 Millimeter), im Radstand um 113 Millimeter größer, aber in der Höhe um zehn Millimeter niedriger – so überträgt die Luxuslimousine die Maße der oberen Mittelklasse. Die lang gezogene Motorhaube, der tief sitzende Kühlergrill und die großflächigen Frontscheinwerfer beeindrucken von vorn und in der Seitenansicht. Auch von hinten zeigt der Phaeton seine Familienzugehörigkeit, dort ziehen die wiederum recht großen Leuchteinheiten die Blicke auf sich. So richtig als Oberklasselimousine wirkt der Phaeton in der Langversion. Die zusätzlichen 120 Millimeter Radstand geben dem Wagen etwas Herrschaftliches. Da steht der typische Chauffeurwagen, während der Phaeton im einfachen Radstand etwas für den Selbstfahrer ist.

Wenn es ans Fahren geht, ist aller Anfangsspott vergessen. Testberichte bescheinigen VW, auf Anhieb das Komfortniveau der Oberklasse getroffen zu haben. Geräuschentwicklung, Federung,

TECHNISCHE DATEN	Phaeton 3.0 V6TDI
Bauart	Limousine
Bauzeit	2014 – 2015
Motor	Sechszylinder V, Diesel
Hubraum	2967 ccm
Leistung	245 PS
Getriebe	Sechsstufenautomat
Antrieb	Allrad
Gewicht	2360 kg
V_{max}	238 km/h

Wichtiger Absatzmarkt China: Der Phaeton, hier die Langversion nach dem Facelift, kommt dort gut an.

Klimatisierung – in der Tat das große Piëch-Thema, dass es im Auto nirgends auch nur ein bisschen ziehen dürfe, die Innenausstattung und die Platzverhältnisse überzeugen auf Anhieb – der Oberklasse-Neuling VW muss nicht nachbessern. Für jeden der vier Plätze ist die Klimaanlage individuell einstellbar, die Steuerung der Funktionen für Radio, Telefon und Anzeigen des Bordcomputers sind vorwählbar. Der Fahrerplatz bietet eine noble Mischung aus Holzintarsien, Leder und Kunstleder, die Anzeigen im Cockpit sind klassisch rund gehalten. Abstandsregeltempomat und Spurwechselassistent gehören bereits dazu.

Hoher Aufwand im Fahrwerk garantiert das komfortable Gleiten. Luftfederung mit Niveauausgleich, elektronische Dämpferregelung und Kurvenstabilisator unterstützen die Wirkung der aufwändigen Achskonstruktionen: Vierlenkerachse vorn, Trapezlenkerachse hinten. Drei Motoren stehen beim Auftakt zur Verfügung. Am meisten bewegt dabei der gewaltige W12 die Gemüter – und löst eine Debatte über den Sinn der Produktion von Hochleistungsmotoren in Kleinserie aus. Allerdings wird das sehr komplexe Triebwerk später auch im VW Touareg und vor allem im zum Konzern gehörenden Bentley Continental verbaut. Im W12, einem der rar gewordenen Zwölfzylinder, stehen zwei Sechszylinderbänke sehr kompakt in der Form eines W zusammen. Als ein Exemplar der Vierventiltechnik weist der W12 also 48 Ventile auf. 420 PS bringt der Motor auf die Straße und beschleunigt den Zweitonner in 6,1 Sekunden auf Tempo 100. Permanenter Allradantrieb mit Torsendifferenzial sind Standard im Phaeton, im W12 auch eine Fünfstufenautomatik.

Ein V6 mit 231 PS und ein Fünfliter-Turbodiesel (310 PS) mit zehn Zylindern in V-Form bilden die Alternativen zum Start. 2004 folgen zwei weitere Motoren. Bei den Benzinern füllt ein V8 (335 PS) die Lücke zwischen den Extremen, dazu kommt als kleinerer Diesel ein TDI mit drei Litern Hubraum (225 PS) – bereits mit Common-Rail-Einspritzung, während der große Diesel noch nach dem Pumpe-Düse-Prinzip arbeitet. Nach acht Jahren und gut 40.000 Einheiten greift VW zur dezenten optischen Auffrischung, die das aktuelle Markengesicht übernimmt. 2014 wird die Front erneut im Kühlergrill und mit einer durchgehenden Chromspange aufgewertet. Der W12 wird 2013 eingestellt, 2016 die ganze Baureihe nach einer Gesamtstückzahl von 84.235 Fahrzeugen. In der Gläsernen Fabrik laufen heute Projekte der Elektromobilität.

Kennzeichen DD: Der Phaeton aus Dresden steht vor dem nahen Schloss Moritzburg.

Die relativ kleinen Stückzahlen des Phaeton sind immer wieder ein Thema, insofern sind die Unkenrufe zu Beginn nicht unberechtigt gewesen. VW lässt sich aber nicht beirren, lastet das Werk in Dresden zeitweise mit Bentley-Montagen aus und

erfreut sich in den letzten Phaeton-Jahren an einem unverändert guten Absatz in China. Dagegen bleibt der Export in die USA schnell stecken, und auf den europäischen Märkten ist der etablierten Konkurrenz einschließlich des Audi A8 aus dem eigenen Konzern nicht beizukommen. Aber eines ist ebenfalls richtig: Wer je einen Phaeton gehabt hat, lässt in der Regel nichts auf das Auto kommen.

Arteon

Eindrucksvolle Silhouette: Mit dem Arteon besetzt VW die Kategorie viersitzige Coupé- respektive Kombilimousine.

Arteon   ab 2017

Ist das nun die Lösung für das Oberklasseauto der Marke Volkswagen? Der Phaeton hat ausgedient, er hat trotz unbestreitbarer Klasse gegenüber der etablierten Konkurrenz auf verlorenem Posten gestanden. Der CC als Super-Passat hat acht Jahre Zeit gehabt, seine Rolle zu finden. Beide soll nun der Arteon ersetzen (ein Kunstname, der mit dem englischen Wort Art für Kunst spielt). Er zählt zu den viertürigen Coupés und ist an der Oberklasse orientiert. So zielt er auf den Audi A 7, den BMW Sechser und den Mercedes CLS, der seinerzeit das Segment eröffnet hat.

Die Kunst liegt in der Raumausnutzung. Es geht darum, die Silhouette des eleganten viertürigen Coupés zu erhalten und trotzdem Einstieg und Kopfhöhe eher limousinenartig zu gestalten – ein interessanter Kompromiss. Der Arteon trägt ein Fließheck wie der Passat CC, deutet aber das für Oberklasselimousinen typische Stufenheck ein wenig an. Dafür sorgen der bis in die hinteren Kotflügel reichende Spoiler und die hinten besonders betonte Gürtellinie. Vorn glänzt das Markengesicht opulent und in neuer Form. Die Seitenlinie ist sehr dynamisch gehalten. Die Dachlinie im Bogen, die relativ großen, weit nach hinten reichenden Scheiben harmonieren mit der Gürtellinie, den großen Radhäusern und der kräftigen Schutzleiste zwischen den Rädern.

Innerhalb der Fahrzeuglänge von 4862 Millimetern und dem Radstand von 2837 Millimetern – nur rund 50 weniger als beim Phaeton – lassen sich vier komfortable Einzelsitze bequem unterbringen. Die Armaturentafel stammt vom Passat, Echtholz und Lederbezüge sind schon vom CC bekannt. Sitzkomfort und Fahrkomfort werden gelobt in den ersten Testberichten der Fachpresse. Die Multimediaeinheit des Arteon ist selbstverständlich auf dem neuesten Stand. In Bestausstattung kommt sie ohne Tasten aus und lässt sich auch per Gesten steuern. Die gängigen Assistenzsysteme sind ebenfalls praktisch an Bord versammelt.

Dass der Arteon im Kern ein Passat und kein Phaeton ist, macht die technische Basis deutlich. Er startet im Herbst 2017 mit zwei Vierzylindern, mit dem 1.4 TSI (150 PS) und dem 2.0 TSI (180 PS). Der Modulare Querbaukasten bildet die Basis. Hergestellt wird er im Passat-Werk Emden. Auch die Verkaufspreise von maximal 50.000 Euro liegen in Sichtweite des Passat. Dass die Mischung passt, zeigt die Auszeichnung Goldenes Lenkrad in der Mittel- und Oberklasse 2017.

TECHNISCHE DATEN	Arteon 2.0 TSI
Bauart	Limousine
Bauzeit	ab 2017
Motor	Vierzylinder/Reihe
Hubraum	1984 ccm
Leistung	280 PS
Getriebe	Siebengang/ Doppelkupplung
Antrieb	Allrad
Gewicht	1640 kg
V_{max}	250 km/h

Kapitel IV.

Volkswagen in aller Welt

VW do Brasil pflegt die Eigenständigkeit: Der VW Bus als Übergangsmodell zwischen T1 und T2 beweist es.

VOLKSWAGEN IN ALLER WELT

Volkswagen ist eine Weltmarke – nicht nur mit seiner Präsenz auf praktisch allen Märkten, sondern auch mit seinen Fertigungsstätten auf vier von fünf Kontinenten – es fehlt allein Australien. Der Golf ist das Weltauto schlechthin und überall bekannt. Es gibt aber rund um den Globus eine Fülle von Grundtypen und Modellen, die stark vom Angebot für den europäischen Markt abweichen. 17 eigene Baureihen aus den Werken in Argentinien, Brasilien, China, Indien, Mexiko, den USA und Südafrika tragen aktuell das VW-Zeichen genau wie Polo, Golf und Passat in Europa. Zum Teil haben sie dieselben Namen, sind aber anders konfiguriert und auch anders gestaltet. Lokale Vorschriften, Marktbedürfnisse und Kaufkraft führen zu dieser Vielfalt.

Ein ausgeprägtes Eigenleben führt das Werk in Brasilien. Es ist auch ein ganz frühes Auslandswerk, schon 1953 startet VW auf dem südamerikanischen Kontinent. Natürlich geht es um den Käfer, bald auch um den Transporter und den Karmann Ghia 1200. Erste Eigenkonstruktionen nehmen Bezug auf VW 1500 und 1600. Sie zeigen mit ihrer Trapezform ein moderneres Erscheinungsbild als der Urvater aus Deutschland. Es gibt den brasilianischen VW 1600 sogar als Viertürer, er erinnert an den VW 411 aus Wolfsburg. Heckmotor und Luftkühlung sind in Brasilien ein Thema bis 1981. Auffällig modern tritt 1973 der Brasilia auf – ein Kompaktwagen in Heckmotorbauweise mit der Technik des VW 1600. Auch

Großer VW auf brasilianisch: VW 1600 TL aus dem Jahr 1972.

Interpretation: So schätzen die Brasilianer den Karmann Ghia (1970).

Stilistisch ein Volltreffer: Vier Jahre lang bot VW do Brasil das rassige Coupé SP2 an.

Gol statt Golf oder Polo: Das Standardauto in Brasilien kommt von VW – hier das Modell von 2012.

So modern wie die junge Hauptstadt ist er nicht: Brasilia heißt die Kompaktlimousine mit Heckmotor, die ab 1973 gebaut wird.

Erster Versuch: Die Golf-Fertigung in den USA erweist sich als noch nicht nachhaltig.

die eigene Version des Kamann Ghia 1600 erregt Aufmerksamkeit, ebenso der sportliche Zweisitzer SP2 (1973).

Gol statt Polo und Golf

Zu Zeiten von Golf und Polo in Europa greift Volkswagen do Brasil 1981 zum Gol, zwischen beiden platziert und offenbar genau richtig für den brasilianischen Markt. Inzwischen läuft er in der fünften Generation. 2003 folgt der Kleinwagen Fox, der es dann sogar zum Export nach Europa schafft. VW besetzt den Sektor mit ihm, ehe der neue up! serienrief ist. Und den gibt es bald ebenfalls aus brasilianischer Produktion, wie auch Polo und Golf. Ein Kuriosum begleitet VW do Brasil als Folge der südamerikanischen Wirtschaftskrise in den 1980er Jahren: Zusammen mit Ford Brasilien entsteht 1987 die Firma Autolatina, als Folge tragen ein paar ältere Ford-Modelle das VW-Zeichen. Die Kooperation dauert bis

1995. Die Ford-VW werden auch in Argentinien gebaut und verkauft, wo sich das argentinische Programm stark an brasilianische Vorbilder anlehnt. Und Mexiko ist bis zum Schluss die Heimat des Käfers, später des New Beetle. Auch der erste Transporter hat in Lateinamerika ein langes Leben.

Der Verkaufserfolg des Käfers in den USA hat die automobile Welt von Anfang an verblüfft. Bis zur eigenen Fertigung in den USA soll es aber noch bis 1978 dauern. Da wird die Idee umgesetzt, den Golf – hier als Rabbit (Kaninchen) bezeichnet – aus heimischer Produktion anzubieten. Langfristig ist das Projekt kein Erfolg, das Werk in Westmoreland wird 1987 wieder geschlossen. Die Pause dauert bis 2010, als das Werk in Chattanooga (Tennessee) die Arbeit aufnimmt. Damit beginnt eine neue und nun nachhaltige Ära der VW-Produktion in den USA. Jetzt ist auch Zeit für spezielle US-Modelle.

Der andere Passat

Den Anfang macht der US-Passat, aufgebaut auf der Plattform des deutschen Modells, in ähnlichem Design, in Ausrüstung und Ausstattung aber sehr eigenständig gestaltet und auch im Radstand um 100 Millimeter länger. Daneben steht zu Beginn eine Art Fremdprodukt in den Verkaufsräumen. Der Routan ist ein leicht abgewandelter Chrysler Voyager. Der 2010 vorgestellte US-Jetta auf Golf-Basis kommt aus Mexiko. Modell Nummer zwei aus dem US-Werk wird 2016 das große SUV Atlas. Das Auto ist größer, in der Anschaffung aber günstiger als der europäische Touareg, es gibt ihn wahlweise auch nur mit Frontantrieb. Topmotorisierung ist ein 3,6-Liter V6 mit 280 PS, gekoppelt mit einer Achtgangautomatik.

Wichtiges Standbein des Konzerns: Mehrere Werke existieren in Mexiko – auf dem Band ein Suran aus der Fox-Baureihe um 2009.

Übergangslösung: Der VW Routan aus dem Jahr 2008 ist eigentlich ein Chrysler Voyager.

Pioniertat in China

Die Welt ist noch geteilt in Ost und West. Kooperationen innerhalb der Automobilindustrie über den eisernen Vorhang hinweg gibt es zwar in Europa, nicht aber mit China. Die chinesische Mauer scheint noch schwerer überwindlich zu sein als die von Berlin und die gesamte Trennlinie durch Europa. Allein Volkswagen sieht in dieser Situation eine Chance: Schon 1984 beginnt in Shanghai die Montage des Santana, der Stufenhecklimousine des Passat II.

Der Ur-Santana: Die VW-Montage ist zur Keimzelle chinesischer Pkw-Produktion geworden.

Ableger in Übersee: VW Jetta für die USA im Jahre 2010.

Schon bald geht die Montage in eine vollwertige Produktion über. Das Projekt erweist sich als ausgesprochen nachhaltig. 28 Jahre lang läuft der am Schluss altertümlich wirkende Santana in China vom Band, der Variant bis 1995. Vor der wirtschaftlichen Öffnung des Landes ist er das Auto für Funktionäre und Behörden sowie für Taxibetriebe, nach und nach können auch Privatleute zugreifen. Selbst der Santana 2000 (ab 1995) im Stil des europäischen Passat IV kann den Ur-Santana nicht ablösen, auch nicht die Weiterentwicklung Santana 3000 (2004 bis 2008). Der erste Santana ist zum Symbol für die Anfänge chinesischer Automobilproduktion im größeren Umfang geworden.

Modernisiert: Der Santana 2000 gehört zum Straßenbild im Peking des Jahres 2001.

Aus den zwei Joint Venture-Betrieben von Volkswagen in China – FAW-VW und SAIC – gibt es aktuell drei Baureihen aus eigener Produktion und in von Europa abweichendem Auftritt. Der VW Jetta stammt vom Golf ab (die Stufenhecklimousine heißt Bora), der New Santana mit Ableitungen deckt die Mittelklasse ab, Lamando und Sagitar die obere Mittelklasse. Spitzenmodell ist der Phideon, dem einstigen Phaeton aus Europa nachempfunden, aber auf dem Passat fußend. Außerdem werden VW-Modelle aus Europa importiert.

China-Modell: Der Passat (hier von 2012) ist anders konfiguriert als das europäische Modell.

Längst ist das Thema Asien allein mit China nicht abgetan. Das neue Werk im indischen Pune (ab 2015) baut aktuell den Ameo als erstes eigenes Modell. Indien ist nach China ein ebenfalls stark wachsender Markt, der auf lokale Bedürfnisse zugeschnittene Modelle braucht, was in geringerem Umfang auch für Russland gilt. Dort kommt ein vergrößerter Polo aus dem Werk Kaluga, das seit 2008 existiert.

Zukunft Afrika?

Der erste in Südafrika montierte Käfer entsteht schon 1951, damit ist das Werk in Uitenhage der erste Auslandsstandort überhaupt. Der Käfer ist dort für lange Zeit das ideale Fahrzeug, später nimmt der Golf I diese Rolle ein. Dieser Citi Golf wird, immer wieder mit moderner Technik aktualisiert, ab 1978 tatsächlich 31 Jahre ge-

„Ewiger" Golf I: In Südafrika läuft der Klassiker als Citi bis 2009 vom Band.

baut. Heute laufen in Südafrika neben von Europa bekannten Modellen der Stufenheck-Polo Sedan und der Jetta vom Band. Und ganz nebenbei auch Montagesätze für neue Werke in Kenia, Nigeria und Ruanda. Volkswagen glaubt an den afrikanischen Markt, den Heimvorteil der Basis Südafrika ausnutzend. Das könnte ein ähnlich bedeutsamer Schritt sein wie einst der frühe Einstieg in China.

Kapitel V.
Volkswagen im Motorsport

Formel V kommt vom Hersteller in USA in Kit*-Form, d. h. der Monoposto-Körper in Rohrrahmenausführung mit Kunstharz-kleidung (Fiberglas) ist fertig montiert, jedoch ohne die erforderlichen VW-Aggregate sowie ohne Räder, Reifen und Batterie.

Der Zusammenbau unter Heranziehung der Original-VW-Teile kann sowohl mit gebrauchten wie auch neuen VW-Teilen (VW 1 im Selbstbau erfolgen. Es kann aber auch bei dem autorisierten Formel-V-Händler oder -Stützpunkt das rennfertige Fahrzeug zogen werden.

Sie haben also die Wahl

1. Bezug des Kits* in Original-Fabriks-Verpackung
2. Bezug des Kits sowie der hierzu erforderlichen VW-Aggregate sowie Räder, Reifen und Batterie
3. Kauf des rennfertigen Fahrzeuges.

In allen Fällen jedoch nur bei dem autorisierten Formel-V-Händler oder -Stützpunkt.

* Kit = Bausatz mit Bauanleitung

Behutsame Annäherung: Mit der Formel V bekommt es auch Volkswagen mit dem Motorsport zu tun. Dieser Prospekt von Porsche stammt aus der Anfangszeit.

PORSCHE

Norddeutschland
Raffay & Co. · 2 Hamburg
P. M. Müller · 3 Hannover

Süddeutschland
Hahn Motorfahrzeuge GmbH · 7 Stutt
MAHAG · 8 München

West-Berlin
Eduard Winter · 1 Berlin

W 224 Printed in Germany

Dr.-Ing. h. c. F. Porsche KG. · Stuttgart-Zuffenha

VOLKSWAGEN IM MOTORSPORT

Volkswagen und der Motorsport – das ist ein wahrhaft buntes Kapitel in der Geschichte der Marke und auch in der des Sports. Dabei ist VW auf allen Ebenen vertreten, hat also den Breitensport intensiv gefördert, professionelle Rennställe beliefert und in Eigenverantwortung Spitzensport betrieben. Die Felder reichen von der enorm erfolgreich bestrittenen Rallyeweltmeisterschaft über die spektakuläre Rallye Paris-Dakar und das langjährige Engagement in der Formel III bis zu den Markenpokalen. Das alles spielt sich erst in der „Neuzeit" ab, als Golf, Polo und Scirocco und überwiegend neue Motoren eingeführt waren. Vorher, zu Zeiten des Käfers, ist Motorsport kaum ein Thema in

Wolfsburg. Einzelne Privatfahrer versuchen sich nicht ohne Erfolg bei echten Langstreckenrallies wie der „Tour d'Europe", in der Spätphase dieser Epoche machen die „Salzburg-Käfer" auf sich aufmerksam, wettbewerbsmäßig aufgerüstete VW 1302 S des österreichischen VW-Importeurs.

Ein erstes Zeichen für eine stärkere Hinwendung zum Motorsport ist die Einführung der Formel V im Jahre 1965, wenn sich das Werk auch zunächst noch fern hält. Ein Jahr später gründet sich der Verein „Formel V Europa", letztlich die etwas versteckte Vorläuferorganisation von Volkswagen Motorsport. Als Porsche die kleinen Formelrenner vorstellt, muss das Publikum erst einmal lernen, dass dieses „V" keine römische fünf ist, sondern für Volkswagen steht. Man staunt über die kleinen Monoposti mit Motor,

Getriebe und Radaufhängung des Käfers. Kleine Spezialbetriebe fertigen die flotten Formel-Renner.

Erfunden haben die rund 15 Jahre in Europa sehr erfolgreiche Serie Motorsportenthusiasten in den USA. Auch prominente Rennfahrer fahren Formel V, unter anderen Niki Lauda 1969. Etwa ab 1970 betreut Volkswagen auch ganz offiziell die Formel V, 1971

ergänzt durch die Super V. Da steht die Technik des VW 1600 Pate, später auch die des VW 411/412. Ein solches Formel-Auto bringt immerhin 124 PS auf die Piste und erreicht eine Höchstgeschwindigkeit von 235 km/h (Beispiel Kaimann, 1974).

1976 steigt Volkswagen mit eigenen Wettbewerbsfahrzeugen in den Motorsport ein, fördert zunächst den Absatz seiner

Schnell populär werden die Rennwagen der Formel V. Das Bild wurde 1968 auf dem Nürburgring aufgenommen.

neuen Modelle mit attraktiven Markenpokalen und etabliert sich bald auch im Spitzensport. Formel 1 und Langstreckenweltmeisterschaft – hier mischt Konzernbruder Audi erfolgreich mit – sind allerdings nie ein Thema in Wolfsburg.

Markenpokale

Bezahlbarer Motorsport für Amateure und Nachwuchstalente ist willkommene Abwechslung für das Publikum beim Warten auf das Hauptrennen, gewürzt mit dramatischen Rennszenen, die schnell Talente sichtbar machen. Das macht die Faszination der Markenpokale aus. Ab den 1970er Jahren bereichern sie Rennwochenenden in Europa, auch durch andere Hersteller. Alle Autos sind auf gleiche Weise und nicht allzu aufwendig für das Rennen vorbereitet, die Anschaffung ist auch für Privatfahrer erschwinglich. So können viele mitmachen und ihr Können zeigen. Dass sich dabei Manches kurzzeitig auch neben der Strecke abspielt oder in Karambolagen endet, gefällt dem Publikum, zumal Unfälle aufgrund der eher niedrigen Geschwindigkeiten und guten Sicherheitsvorrichtungen fast immer glimpflich ausgehen.

VW Junior Cup heißt 1976 der allererste offizielle Markenpokal von Volkswagen. Seriennahe Scirocco-Coupés gehen an den Start, prominente, aber unerfahrene Gaststarter sind ebenso am Volant wie Formel-1-Fahrer der Zukunft. Zur Kategorie eins zählt Rockstar Udo Lindenberg, zu zwei etwa Manfred Winkelhock. Allerdings tanzen die Scirocco-Helden nur ein Jahr, dann geht es mit dem Golf Cup weiter. Natürlich ist der Golf GTI auch das bessere Marketingobjekt, so sehr hat er bei seinem Erscheinen die Gemüter bewegt. Das Auto ist bis auf kleine Überarbeitungen am Fahrwerk serienmäßig und kostet rennfertig 16.500 DM, genau 1415 mehr als der Serien-GTI. Das ist ein Wort für den Motorsport-Einsteiger – zudem gibt es pro Sieg 3000 DM.

Die Rennserie hält bis 1982, danach übernimmt der Polo für sechs Jahre die Rolle des Nachwuchsrennwagens. Zunächst sind das Coupés mit leicht auf 88 PS frisierten Motoren. Es folgt der Polo G40. Der Motor mit G-Lader leistet 112 PS. Neun Jahre machen die Markenpokale von VW danach Pause, ehe 1998 ein neuer Name in Aktion tritt: Der Lupo-Cup wird auch Tourenwagenschule genannt. Die Fahrer lernen auf Lupo GTI mit 125 PS. 2004 gibt der

Umweltverträglich unterwegs: Der Renn-Scirocco fährt mit Erdgas.

Lupo das Staffelholz an den Polo ab. Der 150 PS starke Cup-Polo dient als Nachwuchsplattform bis 2009. Danach steht für fünf Jahre der Name Scirocco wieder für den Basismotorsport bei VW. Er sammelt Pluspunkte auch als höchst umweltverträglicher Rennwagen, denn sein 2.0-TSI-Motor (235 PS) läuft mit Erdgas. Auch der New Beetle hat den Stoff zum Markenpokal, ab 1999 bereitet der originell auftretende und dank der 204 PS sehr schnelle Retro-Käfer für ein paar Jahre den Rennbesuchern Freude.

Formel III

Von der breiten Öffentlichkeit weniger beachtet, in der Motorsportszene aber hochgeschätzt bleibt das Engagement von VW als Motorlieferant in der Formel 3 im Gedächtnis. 1979, in Ablösung der Formel V, steigt VW ein und bleibt mit mehreren Unterbrechungen bis 2018 dabei. Über Jahre sind die VW-Motoren auf nationaler und internationaler Ebene der Maßstab in der Formel 3. Schönster Erfolg bleibt der Titel des Deutschen Meisters von Michael Schumacher 1990. Seine überragende Saison auf dem Reynard-VW öffnet ihm die Tür zur Formel 1 und seiner großartigen Motorsportkarriere. Frühe Formel-3-Autos kommen auf 180 PS und haben noch einen Aufbau aus genieteten und verklebten Aluminiumblechen, der Aufbau aktueller Modelle besteht aus Kohlefaser-Verbundwerkstoffen. Nicht allzu stark ist die PS-Leistung in fast 40 Jahren Formel 3 angewachsen, die bis zum Ausstieg 2018 benutzten VW-Motoren haben rund 225 PS, 30 Jahre zuvor waren es auch schon 180 PS. ATS, Dallara, Ralt oder Reynard sind einige der Rennwagenbauer, die VW-Motoren vertraut haben. Viele davon sind im Betrieb des bekannten Tuners und früheren Rennfahrers Siegfried Spieß vorbereitet worden.

VW-Power: In der Formel 3 mischte die Marke mit Motoren mit – Ralt RT 36 aus den 1980er Jahren.

Rallyesport

Im Rallyesport hat sich Volkswagen jeder Herausforderung gestellt. Auch hier haben Golf und Polo eine gute Basis für den Breitensport abgegeben. Den frühen Golf GTI gibt es um 1980 in den damaligen Gruppen 1 und 2 (138 PS respektive 171 PS). Damit kann man Deutscher Meister werden wie das Team Alfons Stock und Paul Schmuck 1981, oder bei der Rallye Monte Carlo Fünfter (1980, Peer Eklund/Hans Sylvan). VW setzt Werkswagen auch im deutschen Championat ein, die Titel sind begehrt. 1986 betritt der Golf die Bühne der Weltmeisterschaft. Es ist die Zeit des GTI der zweiten Generation. Der Rallyesport hat einen Wettbewerb für seriennahe Tourenwagen ausgerufen, VW macht mit und gewinnt. Kenneth Eriksson und Peter Diekmann sind die Fahrer, der GTI kommt mit zunächst 194 PS, dann mit 214 PS aus.

Formelsport der Spitzenklasse unterhalb der Formel 1: Dallara-VW aus dem Jahr 2009.

GTI auf Abwegen: Der schnelle Straßengolf bewährt sich auch im internationalen Rallyesport.

Der Race-Touareg

Risiko gehört zum Sport – und ein Risiko geht Volkswagen ganz sicher ein, als man sich für einen Werkseinsatz bei Marathon-Rallyes endscheidet. Das Risiko liegt in der kleinen Zahl der Veranstaltungen – in der Wahrnehmung der Öffentlichkeit ist es um das Jahr

Dreifachsieg, der sich 2011 – jetzt in Südamerika – wiederholt. Mit diesen Erfolgen beendet VW das Kapitel. Übrigens ist der Race Touareg nicht der erste VW, der die Paris-Dakar gewinnen kann: Der VW lltis, eher eine Randerscheinung in der VW-Historie und nur wenig im Motorsport eingesetzt, schafft 1980 den Doppelsieg!

TECHNISCHE DATEN	Race-Touareg
Bauart	Rallye-Prototyp
Bauzeit	2006/2007
Motor	Fünfzylinder Reihe
Hubraum	2500 ccm
Leistung	285 PS
Getriebe	Fünfgang, sequenziell
Antrieb	Allrad
Gewicht	1787 kg
V_{max}	190 km/h

2000 an sich nur eine einzige Veranstaltung, nämlich die berühmte Rallye Paris-Dakar. Wer da patzt, hat verloren, auch an Ansehen. VW patzt aber nicht, ganz im Gegenteil. Auf der Basis des Touareg entsteht der Race Touareg in insgesamt drei Stufen. Seriennähe ist hier nicht das Thema, sondern die optimale Präparierung des Autos für extreme Untergrundverhältnisse.

Auf dem Stahl-Gitterrohrrahmen sitzt ein Kunststoffaufbau in der Silhouette des Touareg, das ganze Fahrzeug wiegt nur rund 1750 Kilogramm. Da kommt es auf das Fahrwerk an: Doppel-Dreieckslenker mit zwei Dämpfern sollen die Unebenheiten der Wüsten- und Schotterpisten egalisieren. Bei der Konstruktion ist viel Wert auf Gleichteile gelegt worden, damit ein Austausch unterwegs schnell über die Bühne gehen kann. Bewusst setzt VW den Dieselmotor ein. Der Fünfzylinder-TDI mit 310 PS (Touareg 3) soll seine Strapazierfähigkeit und Ausdauer beweisen. Geringerer Kraftstoffverbrauch hat in diesem Umfeld die angenehme Konsequenz, mit kleineren Tanks und somit geringerem Gewicht über die Runden zu kommen.

Die Herausforderungen in diesem spezielle Rallye-Genre sind groß. Erst im fünften Anlauf, im Jahr 2009, gewinnt VW (Giniel de Villers/Dirk von Zitzewitz). Ein Jahr später gibt es sogar einen

Polo WRC – vier Jahr, acht WM-Titel

Von den exotischen Rallyeetappen der spektakulären Langstrecke geht es 2013 zurück auf traditionelle Pfade. Die Rallyeweltmeisterschaft ist die nächste Aufgabe von VW Motorsport. Wie sie bewältigt wird, dafür fehlen tatsächlich die Superlative. Vier Jahre lang geht der Polo R WRC an den Start dieser Serie mit Höchstleistungsautos, und viermal gewinnt VW sowohl die Fahrerwertung als auch die Markenwertung. Der Held an der Spitze des Teams ist Sébastian Ogier, er wird in allen vier Jahren Weltmeister. Der 1,6-Liter-FSI-Motorr zaubert über das sequenzielle Sechsganggetriebe 315 PS auf die Rallyepfade, Allradantrieb ist selbstverständlich. Nach dem Ausstieg machen professionelle Privatteams mit dem dafür weiterentwickelten Polo GTI R5 (272 PS) weiter. Kundensport ist überhaupt für die nun beginnende Phase das Betätigungsfeld von Volkswagen Motorsport.

Der Maßstab: Der Rallye-Polo dominiert die Weltmeisterschaft vom Beginn seines Einsatzes an. Hier eine Studie aus dem Jahr 2011.

TECHNISCHE DATEN	Polo WRC
Bauart	Rallye-Kleinserie
Bauzeit	2016 – 2018
Motor	Vierzylinder-Reihe
Hubraum	1600ccm
Leistung	315 PS
Getriebe	Sechsgang, sequenziell
Antrieb	Allrad
Gewicht	1200 kg
V_{max}	243 km/h

Kapitel VI.
Alternative Zukunft

Immer ein Stück weiter: Mehrere Golf-Generationen sind Technologieträger für Elektroautos – hier der City Stromer auf Basis des Golf III.

ALTERNATIVE ZUKUNFT

Der E-Golf von 2013 ist das erste von Volkswagen in größerer Serie gebaute Elektroauto, 2017 in einer ersten Modellpflege optimiert. Eine Lithium-Ionen Batterie mit einer Kapazität von 35,8 kWh und ein Synchron-Elektromotor bilden das E-Paket aus konzerneigener Entwicklung. Der E-Golf entspricht dem aktuellen Stand der Elektroautos und hat eine Reichweite von 300 km (nach NEFZ, ein Wert, den die Praxis in der Regel um ein Drittel reduziert). Der Motor sitzt auf der Vorderachse, Batterien und das Antriebssystem finden Platz im Fahrzeugboden. Typisch für den Elektroantrieb sind Drehmoment (290 Nm) und Beschleunigung auf Tempo 100 (9,6 Sekunden) stattlich.

Elektroautos sind im Jahr 2018 vor dem Hintergrund von Klima- und Stickoxiddebatte in aller Munde, obwohl die volle Alltagstauglichkeit ebenso fehlt wie eine belastbare Ladeinfrastruktur. Entsprechend gering ist die Nachfrage auf den meisten europäischen Märkten. Immerhin werden seit Einführung des überarbeiteten E-Golf 2017 nun statt 35 Einheiten am Tag 70 gebaut. Als zweites Elektroauto bietet VW den up! an. Die Preise in Deutschland liegen 2017 bei 27.000 Euro beziehungsweise 36.000 Euro – jeweils rund das Doppelte im Vergleich zur einfachsten Version mit Benzinmotor.

Der Elektro-up! ist nicht mehr und nicht weniger als ein Zweitwagen für den Stadtverkehr, bis dato das Haupteinsatzfeld reiner Elektroautos. Der Preis liegt in Deutschland bei 26.900 Euro, das ist das 2,6-fache des Preises für den günstigsten up!. Zum Absatz auf dem deutschen Markt trägt er 2017 mit rund 1100 Fahrzeugen bei, das sind drei Prozent der Gesamtzulassungen an Elektroautos. Alles spricht dafür, dass das Elektroauto frühestens mit der nächsten Generation einen nennenswerten Marktanteil erleben wird.

Der E-Golf hat fünf Vorgänger. Unmittelbar vor ihm dient der Golf VI Blue-E-Motion als Entwicklungsträger. Aus einer ganz anderen Elektrowelt stammen dagegen Golf III City Stromer (1993), Golf II City Stromer (1985), Golf I City Stromer sowie der Ur-Elektrogolf von 1976. Der hat noch Blei-Säure-Batterien und einen Gleichstrommotor an Bord und wiegt 1,5 Tonnen! Der City Stromer III schafft einen Riesensprung und führt die Bremsenergierückgewinnung ein. Seine Reichweite liegt bereits bei 90 km. Von allen City Stromern entstehen Kleinserien mit jeweils maximal 120 Einheiten.

Mit Passat GTE (Bild) und Golf GTE sind die Plug-in-Hybridautos im Alltag angekommen.

Hybrid

Parallel hat VW den Hybridantrieb (Verbrennungsmotor plus Elektromotor) vorangetrieben, also das teilelektrische Auto ohne Reichweitenprobleme. Ähnlich wie beim Elektroauto gibt es zwischen 1990 und 1998 mehrere Technologieträger auf Golf-Basis. Erstes Serienauto mit Hybridantrieb ist 2010 der Touareg. 2018 stehen der Passat GTE und der Golf GTE in den Preislisten (der Hybrid-Golf kostet so viel wie der E-Golf). Es handelt sich bereits um Fahrzeuge mit Plug-in-Technik, die Batterie kann also von außen zusätzlich geladen werden. In der Stufe zuvor wie beim Touareg nimmt die Batterie allein die gewonnene Bremsenergie auf.

Die beiden Plug-in-Hybride von VW schaffen rein elektrisch 50 km. Daraus ergibt sich der nach der Norm korrekt angegebene, in der Praxis aber unrealistische Verbrauch von 1,6 Litern auf 100 km. Da in den meisten Fällen nach 100 km keine Nachladung stattfindet und so die Batterie nichts mehr beisteuern kann außer eingespeister Bremsenergie, ist der tatsächliche Verbrauch in Wirklichkeit deutlich höher. Aber günstig ist er trotzdem, so dass auf dem

Zweierlei Art: Verbrennungsmotor und Elektromotor sind vernetzt.

Nahe Zukunft: VW-Elektroautos I.D. Buzz, I.D. –
Markteintritt 2019 – und I.D. Crozz.

Markt eine gewisse Nachfrage existiert. Im Golf GTE leistet der Elektromotor 110 kW zuzüglich 150 PS aus dem Vierzylinder-Benziner, im Passat sind es 160 kW und 218 PS. Das Mehrgewicht – beim Passat GTE 340 Kilogramm – nimmt die Hybrid-Technik in Kauf. Um deren Zukunft steht es nicht schlecht, denn sie wird von technologischen Fortschritten sowohl in der Elektrotechnik wie beim Verbrennungsmotor profitieren können.

Immer weniger Kraftstoff

Auch im Verbrennungsmotor steckt noch viel Potenzial, wie stetige Verbrauchssenkungen von Modellgeneration zu Modellgeneration – unabhängig von der Messmethode – belegen. VW hat bei seinen Serienmodellen immer wieder günstige Werte erreicht, insbesondere mit den frühen Dieselmotoren. Direkteinspritzung brachte später bei den Benzinern einen Riesensprung. Daneben gehört VW zu den frühen Anbietern von Erdgasautos – natürlich ist es auch hier ein Golf.

Als symbolträchtiges Beispiel besonders effizienten Fahrens ist der 1L von 2002 im Gedächtnis geblieben: Das zweisitzige Versuchsfahrzeug, das auf 100 km nur einen Liter Kraftstoff verbraucht. Vorstandsvorsitzender Ferdinand Piëch ist damit zur Aktionärsversammlung gefahren und hat den Wert sogar noch unterboten. Niedrig, schmal, leicht (290 kg) und windschlüpfig (c_W-Wert 0,159), ein Einzylinder-Diesel mit 0,3 Litern Hubraum und 8,5 PS Leistung und ein automatisiertes Schaltgetriebe machen den spektakulären Mix aus. Von allem das Beste auf kleinstem Raum – so etwas hat zwar zunächst keine Chance auf Umsetzung, fließt aber Stück für Stück in neue Projekte ein. Ein Ergebnis ist im Jahre 2013 der XL1, der in einer Kleinserie von 200 Stück für rund 100.000 Euro angeboten wird. Der Zweisitzer hat Hybridantrieb und schafft mit zehn Litern Diesel und einer Batteriefüllung 550 Kilometer. Die raren Stücke finden alle einen Abnehmer.

Sparwunder im Versuchsstadium: Der 1L aus dem Jahr 2002 braucht auf 100 Kilometern nur einen Liter Diesel.

Fit für die Kleinserie: Vom XL1 gibt es 2013 tatsächlich 200 Einheiten zu kaufen.

Zukunft mit dem Elektroauto

All diese Bemühungen münden in das Zukunftsprojekt unter dem Titel I.D. Kommende Elektroautos von VW sind nicht mehr schon bestehende, abgewandelte Modelle wie Golf oder up!, sondern von Grund auf neue Fahrzeuge. Den Anfang wird 2019 der Grundtyp I.D. in Golfgröße machen, als Reichweite verspricht VW 400 bis 600 Kilometer. Weitere Modelle wie der I.D. Buzz und der I.D. Crozz folgen – und das ist wohl die Perspektive bei Volkswagen: Das Elektroauto wird einen wichtigen Platz einnehmen, ohne die Verbrennungsmotoren schnell zu verdrängen.

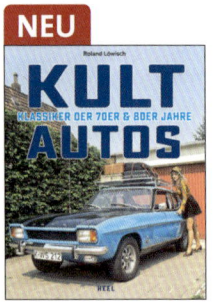

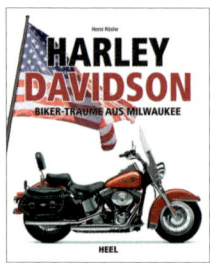

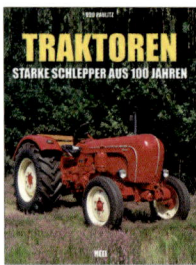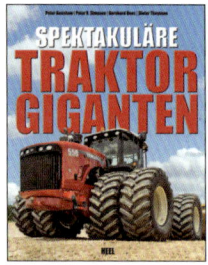

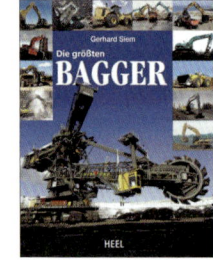

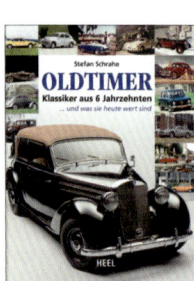

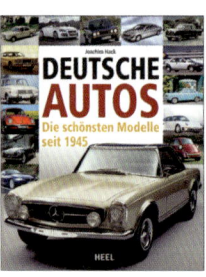

Geballte VW-Kompetenz bei HEEL

160 Seiten, 265 x 265 mm, Paperback
ISBN 978-3-95843-763-0

€ 14,99

126 Seiten, 220 x 275 mm, gebunden
ISBN 978-3-95843-627-5

€ 16,99

152 Seiten, 255 x 255 mm, gebunden
mit Schutzumschlag
ISBN 978-3-95843-300-7

€ 29,95

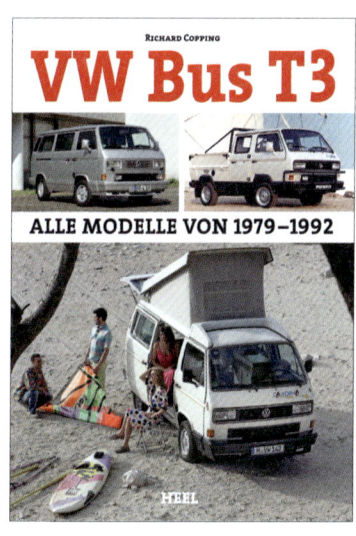

128 Seiten, 215 x 303 mm, gebunden
ISBN 978-3-95843-505-6

€ 24,99

384 Seiten, 148 x 210 mm, Paperback
ISBN 978-3-95843-503-2

€ 19,99

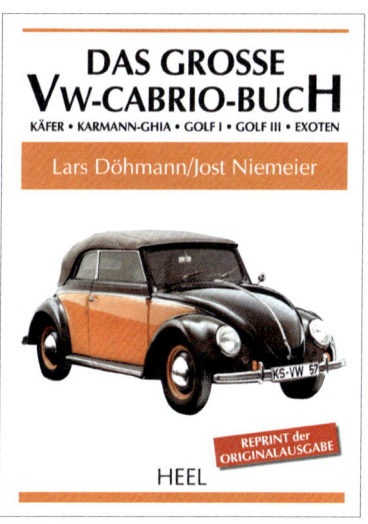

184 Seiten, 247 x 340 mm, gebunden
mit Schutzumschlag
ISBN 978-3-95843-509-4

€ 29,95